북극곰! 어디로 가야 하나?

황창연 신부 환경 에세이

황창연 지음

북극곰! 어디로 가야 하나?

황창연 신부 환경 에세이

2012년 4월 24일 교회인가
2012년 5월 25일 1판 1쇄 인쇄
2012년 5월 30일 1판 1쇄 발행

지은이 | 황창연
펴낸이 | 이순규
펴낸곳 | 바오로딸

142-704 서울 강북구 오패산로 184
등록 | 제7-5호 1964. 10. 15.
전화 | 02) 944-0800 팩스 | 984-3612

취급처 | 중앙보급소
전화 | 02) 984-3611 팩스 | 984-3612
ⓒ 황창연 · 2012 FSP 1265

값 10,000원

이메일 | edit@pauline.or.kr
인터넷 서점 | www.pauline.or.kr
통신판매 | 02) 944-0944~5
ISBN 978-89-331-1096-6 03530

No Ice to Live for Polar Bears
-Environmental Essay of Fr. Hwang Chang-yeon
by Hwang Chang-yeon
Copyright ⓒ 2012 by Hwang Chang-yeon

북극곰! 어디로 가야 하나?

황창연 신부 환경 에세이

황창연 지음

바오로딸

차례

추천사

너희는 세상의 소금이다. 그러나 소금이 제 맛을 잃으면 무엇으로 다시 짜게 할 수 있겠느냐? 아무 쓸모가 없으니 밖에 버려져 사람들에게 짓밟힐 따름이다. 너희는 세상의 빛이다. 산 위에 자리 잡은 고을은 감추어질 수 없다. 등불은 켜서 함지 속이 아니라 등경 위에 놓는다. 그렇게 하여 집 안에 있는 모든 사람을 비춘다. 이와 같이 너희의 빛이 사람들 앞을 비추어, 그들이 너희의 착한 행실을 보고 하늘에 계신 너희 아버지를 찬양하게 하여라.(마태 5,13-16)

교회 역사를 돌아보면, 사람들은 교회가 세상을 위해 봉사할 때 교회로 모여들었고, 세상을 등질 때 교회를 떠났습니다. 1789년 프랑스에서는 8년간 기근에 시달린 군중이 혁명을 일으켜 짠맛을 잃어버린 교회를 철저히 파괴하고 짓밟았습니다.

21세기 교회는 또다시 빛의 역할을 게을리합니다. 현대인들은 물질과 과학, 편리와 오락만능주의라는 거대한 유혹에 빠져 지난 200년간 환경을 파괴하며 지구를 죽음의 별로 바꾸어 버렸습니다. 유엔 정부간 기후변화협의회(IPCC)는 지구에 사는 생물종 95퍼센트가 100년 안에 멸종할 수 있다고 경고했습니다. 기상이변이 갈수록 심해지는 현대 세계에 교회가 경종을 울려야 할 때가 왔습니다.

현대 세계가 지구온난화Global Warming로 몸살을 앓는 이유는 인류가 하느님을 떠나 지나친 욕심을 부리기 때문입니다. 예수님께서 가르치신 소박하고 순수한 삶을 외면하고, 하느님께 값없이 선물로 받은 쾌적한 자연을 소중하게 보존하지 않고 파괴하여 오늘날 위기를 초래한 것입니다. 교회가 현대인들에게 경종을 울려 그들이 지나친 욕심을 줄이고, 단순한 삶을 통해 충만한 기쁨을 누리도록 하는 일은 지구온난화로 몸살을 앓고 있는 지구촌을 복음의 희망으로 밝히는 것입니다.

이 책을 쓰신 황창연 신부님은 줄곧 지구촌 환경을 걱정하면서 공해 없는 세상을 만들기 위해 투신하고 계십니다. 과중한 일선 사목현장의 소임을 수행하면서도, 타고난 근면과 성실을 바탕으로 일반 공대 대학원에서 공학도들과 어깨를 나란히 하며 환경공학을 전공했고, 환경전문가로서 전국을 순회하며 올바른 환경 조성, 무공해 세상 건설을 위해 일하고 계십니다. 또한 황 신부님은 무공해 세제, 건강한 먹을거리를 재배해 공급하면서 환경의 이론과 실제를 가르치는 이 시대 예언자로서 임무를 수행하고 계십니다.

건강한 자연과 환경을 유지하고 보존하는 일은 틀림없이 교

회 사명입니다. 자연 질서가 순조로울 때 하느님 나라가 실현
될 것입니다.

황 신부님이 이 책을 발간하는 일은 시기적으로 매우 알맞은
일입니다. 이 책에서 하루도 뒤로 미루어서는 안 되는 환경문
제와, 인간과 온갖 생물의 생존문제를 강조하기 때문입니다. 이
환경수필집은 독자들이 환경문제의 심각성을 인식하는 놀라운
계기가 될 것이라고 확신합니다. 이 책을 통해 우리 모두 환경
도우미로 나서서 살기 좋은 지구촌을 만들어야겠습니다.

이 시대를 살아가는 모든 이가 필독해야 할 훌륭한 책을 펴
내신 황 신부님의 노고에 깊이 감사드리며, 늘 하느님의 축복
속에 평창 성 필립보 생태마을에서 하시는 일이 풍성한 결실을
맺기 바랍니다.

천주교 수원교구장
이용훈 마티아

머리말

　세계기상기구(WMO)는 1850년부터 2011년까지 160년 동안의 기후 변화 통계를 작성했다. 세계기상기구가 발표한 통계를 보면 지구를 뜨겁게 하는 이산화탄소의 농도는 200년 전 250ppm(ppm은 100만분의 1)에서 2011년에는 394ppm으로 치솟았다. 지난 60만 년 동안 지구 기온은 요동치면서 일곱 번 빙하기를 맞는데 300ppm을 넘은 때가 없었다. 현재 이산화탄소는 1년에 2ppm씩 증가하는데 이런 추세라면 3년 뒤인 2015년에는 400ppm이 넘는다.

　공기 중 이산화탄소가 400ppm을 넘으면 지구 기온은 걷잡을 수 없는 속도로 치솟을 것이다. 2007년 노벨평화상을 받은 엘고어는 지구 대기 중 이산화탄소 농도가 400ppm을 넘으면 인간은 더 이상 지구온난화에 대처할 능력이 없다고 경고한다. 지난 160년 동안 통계를 보면 2000년부터 2011년까지가 가장 더웠고, 매년 더 더운 해로 기록을 갈아치웠다. 이제까지 완만한 곡선을 그리며 상승하던 기온은 이산화탄소가 400ppm을 넘으면 수직상승할 것이다.

위기를 느낀 세계 정상들은 2008년 덴마크 코펜하겐에 모여 이산화탄소를 줄이자며 회의를 했다. 미국과 유럽 선진국은 이산화탄소를 줄여보자는 데 합의를 했는데 중국과 인도는 반대 견해였다. 결국 각국 정상들은 구속력을 가지는 합의는 보지 못하고 '이대로 가다가는 지구온난화가 심각한 상태에 이를 것'이라는 사실에 공감만 한 상태다.

현대 세계와 환경을 생각하면 이솝우화에 나오는 양치기 소년과 마을 사람들이 생각난다. 양치기 소년은 무료함을 달래려고 거짓으로 "늑대가 나타났다!"고 소리 지른다. 마을 사람들은 하던 일을 팽개치고 곡괭이와 낫을 들고 급히 달려왔지만 늑대는 없었다. 소년은 다시 마을 사람들을 향해 거짓으로 "늑대가 나타났다!" 하고 소리쳤다. 이번에도 순진한 마을 사람들은 곡괭이를 들고 달려왔다. 세 번째는 진짜로 늑대가 나타났다. 소년은 두려움에 사로잡혀 "늑대가 나타났다!" 하며 간절하게 도움을 청했다. 이미 두 번이나 속은 마을 사람들은 아무도 오지 않았고, 양들은 모두 늑대에게 잡아먹혔다.

환경 예언자들(토머스 베리 신부, 레이철 카슨, 테오 콜본, 빌 매키벤, 엘 고어 등)은 지구마을 사람들에게 늑대가 나타났으니 제발 와서 도와 달라고 지난 50년 동안 외쳤다. 처음에 사람들은 귀를 기울이는 듯했으나, 환경운동가들이 경고한 것처럼 갑작스런 멸종이 일어나지 않으니까 이 정도 환경파괴는 지구가 견딜 수 있다며 오히려 경제개발에 더욱 열을 올렸다.

심지어 미국 정부 지원금을 받는 몇몇 기관과 과학자들은 환경 예언자들을 거짓말만 일삼는 양치기 소년이라고 몰아세우면서 '지구가 겪고 있는 환경문제는 심각한 상태가 아니다.'라며 지구촌 사람들을 안심시켰다. 오히려 자동차, 전기 제품, 비행기, 컴퓨터 같은 제품을 만드는 기업체와 현대 문명의 혜택을 누리는 대중은 지구 환경이 나빠진다는 경고를 듣기 싫어한다.

석유업자, 전기업자, 자동차회사 같은 거대 기업들은 환경 예언자들을 눈엣가시처럼 여긴다. 세계 경제를 주도하는 사람들은 환경운동가들을 양치기 소년으로 몰아세우며 그들의 외침을 외면하려 든다.

하느님께서 타락한 세상을 벌하시려 했을 때 노아만은 하느님 뜻을 알고 멀쩡한 육지에서 배를 만들었다. 사람들은 '물가도 아닌 육지에서 왜 배를 만드느냐?'며 비웃었고, 먹고 마시고 시집가고 장가들었다. 결국 시대의 징표를 알아차리지 못한 그들은 모두 홍수에 휩쓸려 죽음을 맞이했다. 지구가 아직까지는 멀쩡해 보이고 아무 일 없을 것 같아 보이지만 어느 한순간 멸망이 쓰나미 닥치듯 밀려올 것이다. 21세기를 사는 현대인들에게도 노아의 방주가 필요하다.

이 책은 환경과학을 다룬 책이기는 하지만, 누구나 쉽게 이해하기를 바라는 마음으로 썼다. 책 내용 가운데 많은 부분에 통계 자료가 실렸는데, 최근 통계를 빌려 썼지만 환경문제는 수시로 변하기 때문에 정확하지 않을 수 있다. 책이 나오면 곧바로 시대에 뒤떨어진 책이 될지도 모르겠다. 하지만 사람들이 지구

환경을 이해하고 사랑하고 아끼는 마음을 갖는 데 조금이나마 도움이 될 수 있다면 만족한다.

이 책을 쓰는 데 도움을 준 평창 생태마을 송보영 연구원과 생태마을 가족들에게 감사드린다. 교정을 도와준 사랑하는 생태마을 부관장 김종호 베드로 신부와 뉴욕 퀸즈 대학의 황미광 교수와 부족한 글을 읽고 교정해 주신 많은 친구들에게 감사드린다.

언제나 내 글쓰기에 형이 되어 충고를 아끼지 않는 이용삼 신부에게 감사하고, 내가 사랑하는 최경남, 홍명호, 한승주 신부와, 죽을 때까지 같이 갈 서북원, 전시몬, 최중혁 동창 신부에게도 감사한다.

끝으로 내가 환경운동을 할 수 있도록 울타리가 되어주신 수원교구 원로 사제 김창린 필립보 신부님께 이 책을 바친다.

2012년 임진년 부활대축일에

황창연

1

지구 이해

천지창조
잃어버린 창조 5일
오존
태양의 찬가
주먹을 믿겠다고?

남극지방 오존층의 변화

1960년

1962년

1984년

1986년

1988년

1990년

1992년

1994년

1996년

1998년

2000년

2001년

천지창조

지구는 시작도 없고 끝도 없이 절대 변하지 않는 별이 아니라 사람처럼 긴 세월에 걸쳐 태어나서 자라고 죽어가는 생명체다.

난자 크기는 배란시 0.1밀리미터고, 정자는 0.05밀리미터다. 좁쌀보다 몇십 배 작은 수정란은 체세포 분열을 시작해서 심장과 간·손가락·발가락·머리·몸통을 만들고 엄마 자궁에서 사람 꼴을 갖춘다. 태아는 몸이 너무 커져 자궁에 머물 수 없게 되면 엄청난 고통을 견디어 내고 탈출을 감행한다. 겨자씨가 자라나 큰 나무가 되듯 태아가 다 자라면 수정할 때와는 비교할 수 없을 만큼 크게 자란다.

아기는 태어난 지 얼마 되지 않아 눈꺼풀을 힘겹게 밀어 올리고 세상을 살핀다. 쑥쑥 자라는 아기는 한 살에 걷기 시작하고, 두 살쯤이면 뛰어다니고, 다섯 살이 되면 높은 책상에 올라가 뛰어내리기를 즐긴다. 초등학교 때는 더 많은 세상을 경험한다.

사춘기를 맞으면, 인간 생명체는 또 한 번 뱀이 허물 벗듯 탈바꿈한다. 하루가 다르게 쑥쑥 자라는 선남선녀들은 여자아이의 경우 가슴이 나오고 엉덩이가 둥글어지며, 남자아이들은 목

젖이 튀어나오고 어깨가 벌어지며, 턱에는 턱수염이 솜털 사이로 삐져나온다. 소년 소녀들은 성격의 변화도 심해 감수성이 예민해지고 풍요로운 정서를 갖추면서 생식기가 발달해 종족 번식이 가능한 제2의 탄생을 한다.

5억 대 1의 경쟁에서 살아남은 위대한 정자가 난자와 만나 태아 · 아기 · 꼬마 · 젊은이 · 어른으로 자라듯 지구도 46억 년(정확하게는 45억 6천7백만 년으로 측정하지만 이 책에서는 46억 년으로 표현하겠다)이라는 세월에 걸쳐, 5억 마리 경쟁자를 물리친 한 마리의 정자와는 비교할 수 없는 경쟁률, 곧 몇천억 대 1도 더 되는 경쟁을 뚫고 탄생해서 유아기 · 소년기 · 청년기 · 장년기를 지나면서 온갖 생명체들을 보듬어 안는 어머니 지구로 성장했다. 지금 이 순간에도 지구는 끊임없이 탈바꿈한다.

사람들은 지구가 매우 거대하기 때문에 감정도 없고 변화도 없다고 착각하지만 지구는 분명 살아 움직이고, 몸살을 앓고, 아파하고, 상처 받고, 변화와 성장을 겪는 커다란 생명체다.

지구뿐 아니라 밤하늘에 반짝이는 별들과 우주 안에 존재하는 모든 천체天體는 태어나고 죽으며 변한다. 46억 년 동안 변함없이 뜨고 지는 달도 1년에 3.8센티미터씩 지구에서 멀어져 간다. 30억 년 전 보름달이 지금보다 두 배나 밝아 대낮처럼 환하게 지구를 비췄다면, 앞으로 30억 년 뒤의 보름달은 지금보다 두 배는 작게 보이는 어두운 보름달이 되어 지구를 비출 것이다.

이 순간에도 슬픈 운명을 지닌 별들은 블랙홀로 빨려들어 가면서 최후를 맞이한다. 밤하늘에 반짝이는 별들도 우리 인간처럼 탄생, 성장 그리고 죽음이라는 과정을 밟는다. 눈이 시리게 파란 별들은 새로 태어난 어린 별이고, 젊음에 들어선 별은 노란색을 띠며, 빨간 빛을 내는 별은 늙어 죽어가는 별이다.

특별히 지구는 우주 안에서 더 극적인 변화를 겪는 별이다. 46억 년 전 '아루이' 은하에서 태어난 지구는 원시생물만 살던 시생대와 원생대를 지냈고 삼엽충과 조개가 살기 시작한 고생대로 진화해서 공룡이 지구를 호령하던 중생대를 겪었다. 2억 년 동안 지구를 호령하던 공룡은 6천5백만 년 전 지름 10킬로미터나 되는 미행성이 지구와 충돌하는 바람에 한순간에 멸종했다. 6천5백만 년 전부터 시작된 신생대에는 공룡 대신 포유류가 주인공으로 등장했고 포유류 가운데 최고봉에 오른 인간이 신생대 마지막 시기를 지배하고 있다.

지구가 속한 태양계는 150억 년 전 블랙홀이 대폭발Big Bang을 하면서 탄생했다. 어디서 왔는지는 모르지만 블랙홀을 폭파할 만큼 강력한 빛이 온 것은, 어느 천체물리학자 말대로 아직까지는 신神의 섭리로밖에 설명할 길이 없다.

폭발로 생긴 수없이 많은 운석 가운데 태양을 중심으로 수성·금성·지구·화성·목성 순서로 별들이 자리 잡는다. 우리가 속한 우주에 기적이 일어났다. 은하계의 밀도가 조금만 낮았어도 태양계 별들은 다 흐트러졌을 것이고, 밀도가 조금만 높았다면 태양계는 쪼그라들었을 것이다. 은하계가 유선형인 이유도 서로를 잡아당기는 거대한 중력 때문이다.

뉴턴이 발견한 중력의 법칙대로 태양은 지구를 비롯한 아홉 개의 행성이 우주 밖으로 날아가 버리지 않도록 꽉 붙들어 주는 어머니가 되었고, 태양 덕분에 지구는 달을 잡아주는 어머니가 되어 뗄 수 없는 한 가족으로 인연을 맺었다.

태양과 지구 사이의 거리는 대략 1억 5천만 킬로미터다. 서울 부산을 37만 번 왔다 갔다 하는 거리다. 자동차로 태양에 가려면 시속 120킬로미터로 휴게소도 들르지 않고 숨만 쉬면서 142년을 달려야 한다. 비행기로는 7년 걸리고, 우주선으로는 220일 걸린다. 지구가 태양에 너무 가까웠다면 부글부글 끓는 행성이 되었을 것이고, 반대로 너무 멀었다면 꽁꽁 얼어붙었을 것이다. 지금 태양과 지구 사이의 거리가 생명이 살기에 가장 적당한 거리다. 에너지를 공급해 주는 태양 때문에 지구는 생명이 피어나는 행운의 별이 되었다.

태양처럼 스스로 빛을 내는 별을 항성이라고 부른다. 밤하늘에 반짝이는 몇천억 개의 별은 대부분 태양과 같은 항성이다. 항성 주위를 도는 지구는 행성이고, 지구 주위를 도는 달은 위성이다. 태양 없는 지구는 있을 수 없고, 지구 없는 달도 존재할 수 없다. 만일 지구에게 태양이 없었다면, 1년이라는 주기도 없고 밤낮도 없는 미아로 우주를 떠돌다 더 큰 별과 충돌하여 흔적도 없이 사라졌을 것이다. 달 또한 지구가 없었다면 부모 없는 고아처럼 떠돌다가 생을 마감했을 것이다.

지구가 달과 충돌하기 전에는 자전自轉하지 않았다. 만일 지구가 하루에 한 바퀴 뱅글 돌지 않았다면 태양을 향한 쪽은 계속 낮이었을 것이고 태양을 바라보지 않는 반대쪽은 늘 어둠이 지배했을 것이다. 달이 지구와 충돌하면서 지구가 돌기 시작했다. 사람이 손바닥으로 지구본을 탁 치면 빙글빙글 돌듯이 달이 지구로 돌진해 충돌하면서 지구가 빙글빙글 돌기 시작했다. 달 덕분에 지구는 밤과 낮을 선물받았다.

지구 자전 속도는 시속 1천6백 킬로미터. 현재는 태양을 바라보는 낮과 태양을 보지 않는 밤을 합쳐 24시간이지만 달과 부딪힌 초창기 지구는 너무 빨리 돌아 시속 9천6백 킬로미터나 되었기에 하루가 네 시간이었다. 46억 년 전 사람이 지구에서 살았다면 해가 떠서 일어나 두 시간 일하다 보면 해가 져서 바로 잠자리에 들어야 했을 것이다. 또 두 시간 자면 해가 떠서 일어나 일해야 하는 바쁜 나날을 보냈을 것이다.

달과 충돌 후 몇십억 년이 흐른 뒤 충격파가 줄어들고 자전 속도도 줄어 지금처럼 안정된 24시간이 되었다. 달 덕분에 밤낮 하루가 생겼고, 밀물·썰물과 농사짓는 데 필요한 24절기도 생겼다. 또 신기하게도 달이 지구를 한 바퀴 도는 29일과 여성의 생리 주기가 똑같다.

바다 생물들도 달의 주기에 영향을 받는데, 거북이가 보름달이 뜨면 알을 낳으러 모래사장으로 올라오는 이유도 달 때문이다. 고로쇠나무 수액도 보름달과 함께 꽉 찬다. 이렇게 태양과 지구, 달은 한 가족이 되어 서로에게 생명을 주고받는 역할을 한다.

46억 년 전 기적같이 태어난 원시 지구는 지금의 절반 크기도 안 되는 조그만 아기별이었다. 지구도 사람 성장하듯 세월이 흐르면서 쑥쑥 자랐다. 46억 년 전 지구는 몸집이 너무 작아 끌어당기는 힘인 인력이 약했다. 원시 지구에 인간이 살았다면, 달에서만큼은 아니어도 가볍게 떠다닐 수 있었을 것이다. 그런데 둘레 2만 킬로미터도 안 되던 아기별 지구가 어떻게 둘레 4만 킬로미터나 되는 어른별로 컸을까?

아기가 엄마 젖을 먹고 차츰 자라듯, 아기별 지구도 우주의 영양분을 먹으면서 자랐다. 46억 년 전 지구가 속했던 우주는 매우 불안정하여 대폭발로 생긴 수많은 미행성들이 서로 부딪혀 파괴되고 결합하기를 반복하며 떠돌아다녔다. 미미 레더 감독의 〈딥 임팩트Deep Impact〉 영화에서처럼 지름 10킬로미터에 무게 1조 톤이나 되는 미행성들이 1년이면 대략 1천여 개가 지구와 충돌하여 지구를 살찌웠다. 지구는 태양계가 불안정하던 초기 1억 년 동안 우주를 떠돌아다니는 미행성들을 집어삼키면서 성장했다. 심지어 지구는 남한 땅 크기와 맞먹는 둘레 5백 킬로미터나 되는 미행성을 집어삼키기도 했다.

일본 행성과학자 마쓰이 다카후미 씨의 말대로 우주공간을 떠돌아다니던 미행성들이 지구로 점점 모여들면서 지구는 커다란 덩어리 행성으로 자라났다. 티끌 모아 태산 되듯 우주를 떠돌아다니던 조그만 돌덩어리들이 모여 거대한 지구가 되었다. 인간에게도 성장통成長痛이 있듯이 지구도 몸집 부풀리기를 할 때 많이 아팠다. 히로시마에 떨어진 원자탄보다 2만 배는 더 강한 미행성 충돌 때문에 지구는 처음 1억 년 동안 불바다였다.

아이들이 하루가 다르게 쑥쑥 자라듯, 지구도 그렇게 1억 년 동안 몸집을 부풀리면서 처음 탄생한 지구보다 두 배 가까이 커졌다. 미행성들은 고맙게도 물과 이산화탄소와 각종 광물질을 머금은 채로 지구에 충돌해 지구를 풍요롭게 만들었다. 대폭발 이후 태양계가 안정되자, 지구는 더 이상 미행성 충돌을 겪지 않고 고요한 안정상태를 맞았다. 사람도 대개 사춘기가 지나면 더 이상 자라지 않듯이 지구도 처음 1억 년 동안 커지더니 그 후 성장을 멈췄다. 원시 지구는 45억 6천7백만 년 전부터 44억 년 전까지 대략 2억 년 정도 끊임없는 변화 끝에 생명을 탄생시킬 준비를 마쳤다. 하느님은 인간을 위해 무수한 별들 가운데 지구를 선택하시어 창조의 첫발을 내딛으셨다.

잃어버린 창조 5일

원시 지구가 2억 년 동안 미행성과 부딪힌 시기를 사람의 경우에 비유하자면 열 달 만에 모든 장기가 생기는 엄마 자궁 속의 태아시기와, 하루가 다르게 쑥쑥 자라는 사춘기라 할 수 있다. 원시 지구는 미행성 충돌 때 생긴 폭발 때문에 표면 온도가 섭씨 4천 도나 되는 부글부글 끓는 마그마 바다였다. 미행성 충돌이 멈추자 충돌 때 생긴 검은 연기가 지구를 감싸서 태양빛이 지표면에 닿지 않아 땅이 차츰 식었다. 이 두꺼운 구름층 때문에 태양빛을 볼 수 없었던 원시 지구는 6억 년 동안 낮과 밤, 계절이 없었다. 창세기 1장의 "한 처음에… 어둠이 심연을 덮고 있었다."는 표현처럼 초기 지구는 깜깜한 어둠으로 둘러싸여 있었다.

원시 지구의 뜨거웠던 대기층이 식자, 생명의 시작을 알리는 비가 쉬지 않고 내렸다. 미행성이 지구와 충돌할 때 수증기와 이산화탄소가 4백 킬로미터 상공까지 치솟았다가 대기층이 식자 수증기가 비로 변해 지구에 엄청나게 쏟아졌다. 온난화 물질인 이산화탄소가 가득한 원시 지구에 내린 최초 비 온도는 대략 섭씨 3백 도 정도로 펄펄 끓는 물이었다. 사춘기 소녀가 첫 달거리를 하면서부터 생명을 잉태할 수 있듯이 지구도 첫 비를 맞이하면서 생명을 잉태할 가능성을 확보한다.

가슴이 봉긋해지고 달거리를 시작하는 처녀가 싱그럽듯이 생명의 시작을 알리는 '물!'은 듣기만 해도 가슴 설레는 물질이다. 이 물 때문에 지구는 특별한 별이 된다.

몇억 년 동안 내린 비 덕분에 부글부글 끓던 마그마 바다는 차츰 식어 바위가 되고, 이 지구 껍데기가 빗물을 가두기 시작하면서 42억 8천만 년 전쯤에 원시 바다가 탄생한다. 똑똑한 지구는 우주에 머물러 있던 엄청난 양의 물을 받아들여 바다에 가두는 위대한 작업을 한다.

창세기 1장 1–2절을 보면 "한 처음에 하느님께서 하늘과 땅을 창조하셨다. 땅은 아직 꼴을 갖추지 못하고 비어 있었는데, 어둠이 심연을 덮고 하느님의 영이 그 물 위를 감돌고 있었다. 하느님께서 말씀하시기를 '빛이 생겨라!' 하시자 빛이 생겼다." 하고 증언한다.

우주에서 '물이 먼저냐, 빛이 먼저냐?' 하고 묻는다면, 성경의 창조 과정에 따라 물이 먼저라고 말하겠다. 빛이 생기기도 전에 우주에는 물이 떠다녔다. 하염없이 우주를 떠다니던 물들이 다른 어떤 별도 아닌 지구라는 별에 모인다. 우주 안에 꽉 차 있던 하느님의 은총이 비가 되어 지구에 쏟아졌다.

비가 몇억 년 동안 끊임없이 내리면서 마그마 바다는 식어 암석이 되고 흙으로 변했지만, 지금도 땅속 1천 미터쯤 들어가면

46억 년 전 마그마 바다가 식지 않고 있다가 화산 폭발 때 용암으로 흘러나온다. 온천에 몸을 담그면서 행복을 느끼는 사람이라면, 46억 년 전 미행성 충돌로 생긴 열이 아직도 땅속에서 끓고 있다는 사실을 깨달아야 하리라!

생명이 살기 위한 첫째 조건이 물이기 때문에 지금도 달이나 화성 탐사 때 최대 관심사는 '물이 있느냐 없느냐?'다. 지구는 약 5억 년 동안, 생명을 키워내기 위해 가장 중요한 물을 준비하는 작업을 했다. 과학자들은 10억 년 된 화석만 발견해도 흥분을 감추지 못하고 야단법석을 떨지만 우리가 날마다 씻고 마시는 물의 나이는 42억 살이 넘는다.

지구가 생명체를 키워내기 위해 두 번째로 준비한 선물은 공기다. 38억 년 전 지구의 대기는 이산화탄소로 가득 차 있었다. 태양열을 강력하게 붙잡고 있던 이산화탄소가 사라지지 않았거나 형태를 바꾸지 않았다면, 지구의 표면 온도는 이산화탄소가 꽉 차 있는 금성처럼 몇백 도가 넘었을 것이다. 다행히 지구를 뜨겁게 하는 이산화탄소가 바닷속으로 녹아들어 가고 석회암으로 변해 고체가 되면서 비가 내릴 때보다 빠른 속도로 지구는 식어갔다.

이산화탄소가 사라진 지구는 질소를 중심으로 한 공기를 만들었다. 초기 지구 공기는 대부분 이산화탄소와 질소였다. 처음 지구 대기에는 산소가 별로 없었는데 지구는 미래에 탄생할 인간을 위해 또 한 번 기적을 일으킨다. 돌침대처럼 생겨서 '돌침대'라는 뜻을 가진 스트로마톨라이트stromatolite와 시아노박테리아cyanobacteria가 산소를 만들기 시작한 것이다. 산소를 만들어 내는 박테리아 덕분에 공기는 신선한 산소로 채워졌다. 산소는 25억 년 전부터 지구 전체를 채우기 시작하여 6억 년 전에는 공기 가운데 21퍼센트를 차지했다. 젊은이들이 조금만 운동해도 근육이 불뚝불뚝 생기듯 산소가 풍부한 지구는 곳곳에 생명체를 키워냈다.

여기서 깜짝 놀랄 사실이 하나 있다. '우리 몸에 좋다는 산소 농도가 왜 하필이면 21퍼센트일까?' 하는 엉뚱한 궁금증이 생길 수도 있는데 그 이유가 흥미롭다. 만일 산소 농도가 22퍼센트가 되면, 번개나 자연발화로 인한 산림화재는 1.7배 더 늘어난다. 불을 불러오는 산소가 많으면 지구에 나무가 자랄 수 없다. 만일 지구에 나무가 없었다면 생명체의 합창 소리는 들을 수 없었을 것이다. 반면 공기 중 산소 농도가 18-20퍼센트면 사람들은 산소결핍증으로 숨 쉬기가 불편하거나 늘 머리가 아파 고생할 것이다. 인간과 생명체가 살아가기 적당하게 산소 비율을 맞추어 놓은 자연의 조화에 감탄할 따름이다.

우리가 한 번에 들이마시는 공기 양은 3.9리터이고, 하루 종일 마시는 공기 양은 7만 4천8백8십 리터나 되며 폐 속에는 늘 1.2리터가 있어야 한다. 모든 생명체에게 생명을 불어넣는 공기의 나이는 35억 살이다.

물과 산소가 풍부한 바닷물은 온갖 생물이 축복 속에 살 수

있는 조건을 갖추었지만 아직 성층권에 자외선을 막아줄 오존
층은 없었다. 태양에는 가시광선·라디오·마이크로웨이브·적
외선·자외선·엑스선·감마선, 이렇게 일곱 가지 광선이 있다.
가시광선은 식물들이 광합성을 하도록 도와주는 유익한 빛인
반면 자외선은 강력한 에너지를 가지고 모든 생명체의 유전자
(DNA)를 파괴하는 죽음의 광선이다. 25킬로미터 상공 성층권
에 죽음의 광선인 자외선을 막아주는 오존층이 없다면 생명체
가 육지에서 살 수 없다.

5억 년 전에는 이 자외선을 막아줄 보호막이 없었다. 생명체
들은 바다를 떠나 육지에 올라와 자외선을 쬐면 금방 죽었기 때
문에 바닷속에 머물 수밖에 없었다. 지구는 육지에서 생명체가
살 수 있도록 부지런히 자외선을 막아줄 창조 작업을 펼쳤다.

지구는 바닷물이 증발하면서 생긴 산소를 태양빛과 반응시켜
성층권에 오존막을 만들었다. 산소 분자 세 개가 모여 이룬 오
존($O+O_2=O_3$)이 오존층을 만들면서, 면역체계를 망가뜨리고 녹
색식물을 파괴하며 돌연변이를 일으키는 죽음의 빛인 자외선을
막아주자, 4억 년 전부터 수많은 바다 생물이 산소와 가시광선
이 풍부한 육지로 올라오기 시작했다.

오존층 덕분에 바다에서뿐 아니라 육지에서도 생명의 합창
소리가 울려 퍼지는 에덴동산이 탄생했다. 몇십억 년 동안 차
근차근 준비하며 물·공기·오존 보호막을 만들어 낸 위대한 지
구를 어찌 사랑하고 존경하지 않을 수 있을까?

'한 송이 국화꽃을 피우기 위해 봄부터 소쩍새는 그렇게 울었

나 보다.'라고 노래한 시인의 말처럼 인간이 살기에 가장 적합한 환경을 만들기 위해 지구는 46억 년을 준비했다. 인간이 무심히 스치는 빗줄기, 아무 느낌이나 생각 없이 들이마시는 공기, 온 세상을 밝혀주는 햇빛은 수많은 세월에 걸쳐 인간이 살기에 가장 적당한 조건으로 발전하며 오늘에 이르렀다. 지구는 생명체가 살 수 있는 까다로운 조건을 갖추려고 상상하기도 힘든 세월을 준비했는데 인간들은 창조의 과정을 잊어버리고 물·공기·오존층을 파괴하는 패륜을 저질렀다.

지구 성장 과정에서 인간 출현은 공룡이 출현한 2억 5천만 년 전보다 훨씬 뒤인 겨우 2백만 년 전이다. 지구 나이를 하루 24시간으로 환산하면, 인간이 지구에 태어나서 산 시간은 2초에 지나지 않는다. 인간이 등장하기 전 지구 생명체들은 나름대로 창조 질서를 따라 잘 살아왔는데, 마지막으로 등장한 인간이 유독 창조 질서를 거스르고 있다. 인간에게 있는 감정 가운데 욕심이라는 못된 심성이 지구 곳곳을 망가뜨린다. 1만여 년 전부터 문명을 이루며 살아온 인간은 그동안 지구의 일부분으로 조화롭게 잘 살다가 250년 전 산업혁명을 통해 얻은 힘을 가지고 아름답고 생명 가득한 지구를 순식간에 파괴하기 시작했다.

지구 환경을 망가뜨리는 현대과학의 발전 속도는 빛의 속도와 맞먹을 정도로 빠르다. 현대과학은 땅속 깊이 저장되어 있는 모든 에너지를 개발하고 사용함으로써 더 빨리 지구를 파괴한다. 똑똑한 지구는 지금도 자신의 역할을 충실히 수행하고 있는데, 문제는 창조 6일째 등장한 인간이다.

하느님께서는 엿샛날 사람을 만드신다. 창세기에서 하느님은 빛을 만든 하루와, 천체天體를 만든 하루와, 인간을 만든 하루를 같은 무게로 다루셨다. 하느님께서는 인간을 그토록 중요하게 생각하셨다. 인간은 창조 마지막 날, 그것도 하느님의 모습Imago Dei을 닮은 존재로 만들어졌다는 사실에 너무 도취해서 자신을 창조하기 위해 준비한 5일의 소중함을 잊어버렸다. 아니, 이제는 인간을 키워내기 위해 준비한 5일에게 감사로 답하지 않고 배은망덕하게도 파괴로 되돌려 준다.

인간이 물·공기·오존층을 파괴하는 것은 자신의 뿌리를 도끼로 찍어내는 어리석은 짓이다. 썩은 나무가 결국 죽듯이 인간이 지구에서 살도록 필수 환경을 만들어 준 자연을 파괴하면 그 안에 사는 인간은 멸망할 수밖에 없다. 인간은 지구에게 존경과 감사의 마음을 가져야 한다.

인간은 생존을 위해 필요한 모든 자원을 자연에게 허락도 받지 않고 함부로 가져다 쓰면서 미안해하거나 고마워하지 않는다. 현대인은 인디언들의 지혜를 배워야 한다. 그들은 생존을 위해 사냥을 할 때 자연에게 허락을 구했다. 인간은 스스로 자립하지 못하고 땅·바다·산·공기·물·하늘과 우주공간에 온전히 의지해서 살아가는 처지인데도 자신들만이 유일한 존재인양 착각한다. 인간은 지구와 멀리 떨어져 있는 목성에게도 고마워해야 한다. 지구보다 300배 큰 목성은 지구로 날아드는 미행성을 막아준다. 불과 15년 전에도 미행성 몇백 개가 지구로 날아들 뻔했는데 목성이 다 막아주었다.

1969년 아폴로 12호가 달에서 촬영한 사진으로, 1970년 지구의 날(4월 22일)
포스터로 채택하여 파괴되어 가는 지구를 지키자는 경종을 울렸다.

　과학이 발달하지 않았던 시대에 인간은 자연을 존경하고 그
혜택에 감사하며 때론 자연을 두려워하기까지 했다. 21세기 들
어 과학의 발달로 신비하게만 여겨졌던 자연의 이치가 하나하
나 밝혀지기 시작하자 인간은 더 이상 자연을 존중하지 않고 오
히려 인간의 소비욕구를 위해 지구 곳곳에 구멍을 내고, 파헤
치고, 불태우고, 망가뜨리고, 착취했다.
　과학이 발달한 세상에서 인간은 자기 생명의 고향이자 어머
니인 지구를 파괴하고 있다.

오존

내가 살고 있는 평창 생태마을에는 말기 암 환우들이 많이 와서 쉰다. 암 환우들은 유기농 식단도 좋아하지만 맑은 공기를 더 좋아한다. 환우들은 종종, 서울에 있으면 숨을 쉴 때마다 가슴이 죄어오는 느낌인데 평창 생태마을에만 들어서면 숨통이 탁 트인다고 말한다.

나도 서울로 강의하러 갈 때 가장 답답하고 견디기 힘든 것이 숨 쉬는 일이다. 맑고 깨끗한 평창 공기를 마시다가 탁하고 오염된 도시 공기를 마시면 시꺼먼 먼지가 가슴에 끼는 느낌이다.

돈 좀 있다는 도시 사람들은 집 밖 공기가 오염되어 숨 쉬기 불편하니까 너도나도 집 안에 공기청정기를 설치한다. 하지만 안전하다고 믿고 설치한 공기청정기가 오히려 호흡기를 공격하는 무기로 돌변할 수 있다.

〈추적 60분〉이라는 시사 프로그램에서 밝혀낸 사실은 충격 그 자체다. 폐에 아무 이상이 없던 다섯 살짜리 아이가 여러 차례 폐렴에 걸려 병원 신세를 지자 아이 부모는 집 안에 설치한 공기청정기를 의심해서 8개월 동안 사용하지 않았더니 아이의 폐가 멀쩡해졌다는 내용이다. 공기를 정화하려고 설치한 공기청정기가 오히려 사람 건강을 해치다니 어처구니가 없다. 집 밖 공기도 오염되고 집 안 공기도 오염되었으니 마음 놓고 숨 쉴 데가 없다. 2011년 가을에는 가습기 때문에 다섯 명이나 되는 어린아이가 죽었다. 무엇이든 자연 그대로가 좋지 인공 기계는 사람에게 좋지 않다.

요즘 판매하는 공기청정기는 오존을 이용한 불순물 제거가 기본 원리다. 공기청정기 속으로 오염물질이나 해로운 균이 들어가면 강력한 살균효과를 가진 오존이 해로운 세균을 깨끗하게 처리한다는 원리다. 그런데 만일 공기청정기 안에 있어야 할 오존이 공기청정기 밖으로 나와 실내를 돌아다닌다면 어떻게 될까? 한마디로 대단히 위험하다.

지구에 있는 화학물질 가운데 강력한 산화제 두 가지가 있는데, 하나는 오존이고 다른 하나는 불소다. 독하다는 살충제에도 죽지 않는 바퀴벌레도 불소가 든 치약에 닿으면 죽는다. 불소가 함유된 치약 거품은 삼키지 않고 뱉으면 그만이지만, 공기 안에 떠돌아다니는 오존이 몸 안으로 들어가면 산화제를 먹는 꼴이다. 오존을 마시면 폐활량 감소, 가슴 통증, 목 따가움, 기침 같은 증상을 일으킨다. 오존은 공기 속에 섞여 있기에 오존을 걸러내고 깨끗한 공기만 들이마실 수는 없다. 공기 속에 포함된 오존이 호흡기를 타고 목구멍으로 들어가면 식도와 폐에 나쁜 영향을 미친다.

지표면에 있는 오존은 살균 작용도 하지만 사람 몸을 괴롭히

기도 하는 두 가지 얼굴을 갖고 있다. 정부가 오존주의보를 발효할 때 노약자나 어린이들은 외출을 자제해 달라고 하는 이유도 공기 속 오존이 위험하기 때문이다. 오존주의보를 발효한 날은 노인 사망자가 7퍼센트 증가하고, 호흡기 질환자의 사망률도 평소보다 네 배 증가한다는 통계도 있다. 지상에서는 무서운 무기가 되는 오존도 25킬로미터 상공 성층권에서는 지구의 생명체를 지켜주는 보호막이 된다. 오존은 지구를 지키는 독수리 오형제(햇빛·물·공기·땅·오존) 가운데 하나다.

태양의 자외선(UV)이 지구 표면에 바로 닿으면, 식물이건 동물이건 사람이건 심각한 피해를 입는다. 자외선이 사람에게 닿으면 면역기능 감퇴, 유전자 파괴, 유전자 변이를 일으키고, 식물의 엽록체를 파괴해 광합성 작용을 못하게 한다. 사람들이 자외선을 쬐면 화상, 피부 노화, 알레르기 반응, 피부암이나 백내장 같은 질병이 생긴다.

본당신부로 사목할 때 세례를 준 형제가 피부암으로 세상을 떠났다. 세례명이 요아킴인 형제에게 병자성사를 주면서 피부암이 얼마나 무서운 병인지 가까이서 지켜봤다. 자외선은 지상 생명을 멸종할 수 있는 무서운 광선이다.

지구 성층권에 양파 껍데기처럼 얇은 오존층이 있음으로써 지상의 생명체들이 보호받는데, 현재 유럽 두 배만 한 오존 구멍이 남극 상공에 뚫려 있다. 오존층이 파괴되는 이유는 현대인들이 편안하게 살기 위해 사용하는 물질 때문이다. 머리 스타일을 살리기 위해 사용하는 스프레이, 여름 더위를 참지 못하고 무분별하게 사용하는 에어컨의 냉매제가 지구 생명체들의 보호막인 오존층을 찢고 있다. 냉장고의 냉매제 또한 오존 보호막을 뚫는 데 한몫한다. 오존층을 파괴하는 범인은 지상에서 평범한 생활을 하는 모든 지구인이다.

1928년 제너럴모터스(GM) 연구원들이 발명한 프레온 가스는 당시 무독성 비활성물질로서 신이 내린 발명품이라며 사랑을 받았지만 80년이 지난 지금은 지구를 보호해 주는 오존층을 파괴하는 악마로 둔갑했다. 과학자들이 프레온 가스가 지구를 지키는 보호막인 오존층을 망가뜨리는 물질임을 증명했는데도 프레온 가스 사용량은 줄기는커녕 발명 후 지금까지 매년 두 자릿수로 증가한다. 중국·인도·브라질도 경제 발전을 하면서 자동차와 에어컨 사용이 더욱 늘어나는 추세다.

오존층에 구멍이 뚫려 자외선이 내리쬐면, 아무 잘못도 없는 민감한 동물들은 제대로 저항 한번 못 해본 채 죽고, 식물들도 세포체계가 변형되어 죽는다. 식량 생산이 줄어드는 이유도 곡식들이 들판에서 자외선에 노출되어 자라기 때문이다.

하늘에서 내리쬐는 햇빛을 피할 방법은 없다. 특히 남반구 사람들이나 태양빛에 무방비로 노출되어 있는 제3세계 사람들이 더 많이 자외선 피해를 본다. 북반구의 선진국 사람들이 사용하는 소화기消火器용 할론 가스와 스프레이에서 분출되는 프레온 가스는 대기층이 얇은 남반구의 남극 오존층을 파괴한다.

남극 대기층이 얇아지는 겨울철만 되면, 오염물질을 거의 배출하지 않는 호주와 청정지역인 뉴질랜드 상공에 오존 구멍이

유럽 두 배만 한 넓이로 뚫리기에 남반구에 사는 사람들이 피부암에 많이 걸린다.

북반구 사람들이 배출한 오염물질 때문에 남반구 사람들이 피해를 본다. 안타깝게도 환경은 선진국이 파괴하고, 그 피해는 방어 능력이 뒤떨어지는 후진국이나 엉뚱한 나라가 고스란히 입는 경우가 많다. 이제 지구 환경문제는 어느 개인이나 지역의 문제가 아니라 지구 전체의 공동 문제다.

41억 년 동안 꾸준히 형성되어 온 귀중한 오존층이 불과 2백 년 만에 망가져 사라진다. 오존층 파괴는 자연 현상이 아니라 인간의 잘못된 생활습관 때문에 생긴 비극이다. 현대를 살아가는 인간은 41억 년 동안 지켜온 생명 질서를 미련하고도 포악스럽게 무너뜨리고 있다.

오존층은 여름철 모기장과 같다. 아무리 모기가 많은 숲 속이라 해도 얇은 모기장 하나만 있으면 맘 놓고 잠들 수 있듯이, 인간이나 지상의 생명체들도 오존 보호막 때문에 우주에서 날아드는 온갖 나쁜 광선에서 안전하게 보호받는다. 만일 모기장이 찢어져 모기와 온갖 해충이 안으로 들어온다고 상상해 보라! 말라리아, 뎅기열 같은 열병에 시달리다 죽을 것이다. 오존 보호막이 찢어지면 자외선이 지표면의 생물체를 향해 거침없이 쳐들어온다.

현재 20대 젊은이들에게 발병 증가율이 가장 높은 병이 백내장이라는 사실만 보아도 자외선 피해를 쉽게 짐작할 수 있다. 오존층은 우리가 지켜내야 할 또 하나의 지구 보물이다.

태양의 찬가

태양은 1년 365일 우리가 부탁하지 않아도 아침이면 어김없이 동쪽에서 솟아올라 세상을 비추어 에너지를 공급하고, 밤이면 제자리로 돌아가 만물이 쉴 수 있도록 도와준다. 태양 없는 지구란 있을 수 없고 천지만물의 조화도 불가능하다. 태양열이 없다면 인간이라는 생명체 또한 태어날 가능성조차 없기에 태양은 결코 무심하게 바라볼 대상이 아니다.

"하느님께서 말씀하시기를 '빛이 생겨라!' 하시자 빛이 생겼다. 하느님께서 보시니 그 빛이 좋았다." 한 성경 말씀처럼 하느님께서 천지를 창조하기 위해 준비한 많은 빛 가운데 태양은 지구에 사는 모든 생명체에게 영양분을 공급해 주는 에너지의 원천이다.

하늘에는 태양처럼 스스로 빛을 내어 사람들이 볼 수 있는 항성이 6천9백 개 정도고, 눈에 보이지 않는 항성은 몇천억도 훨씬 넘어 몇조兆 개에 이른다. 헤아릴 수 없이 많은 별 가운데 지구에 절대적 영향을 미치는 항성은 태양이다. 태양은 지름 139만여 킬로미터나 되는 커다란 별로서, 1만 3천여 킬로미터밖에 안 되는 지구 지름의 109배나 된다. 태양이 농구공만 하다면 지구는 좁쌀만 하다. 좁쌀처럼 작은 지구가 농구공만 한 태양 주위를 돌고 있는 모습을 상상해 보라! 좁쌀만 한 지구 안에 티끌보다 작은 인간 존재가 할 수 있는 일은 별로 없다.

인간은 태양열 덕분에 산다. 태양은 부피가 지구의 130만 배, 무게는 지구의 33만 배에 이르는 항성이다. 태양의 표면 온도는 섭씨 6천 도이고, 내부 온도는 무려 섭씨 1천5백만 도나 되며 매 순간 핵폭탄이 터지는 현상이 일어난다. 더욱이 태양의 압력은 약 30억 기압으로, 인간이 태양 근처에 갔다가는 금방 녹아버리겠지만 당장 100억분의 1센티미터 정도로 쪼그라들 만큼 초고온, 초고압의 별이다. 지구는 고체 행성인 반면, 태양은 대부분 수소와 헬륨으로 이루어져 있고 그 밖에 70여 종의 원소를 포함한 기체별이다.

1632년 갈릴레오 갈릴레이가 지구는 둥글다는 주장을 폈을 때 교황청은 지구는 평평하다며 갈릴레오를 감옥에 가두고 핍박했다. 교회는 우주 만물이 지구를 중심으로 돌아가는 줄 알았는데 지구가 중심이 아니고 엄청나게 많은 우주 별 사이의 자그마한 별에 지나지 않는다는 천문학자들의 주장을 받아들이기 어려웠을 것이다.

교회는 인간만이 만물을 쥐락펴락할 수 있다고 믿고 교회가 그 중심이라고 생각했는데, 인간이 그저 태양과 달에 절대적 영향을 받고 살아가는 미약한 존재라는 새로운 개념을 받아들이기가 힘들었다. 5백 년 전 교회지도자들은 지구가 좁쌀만 하고 태양이 농구공만 하다고는 감히 상상도 못했을 것이다. 날마다 동쪽에서 뜨는 태양을 바라보는 현대인들도 태양이 얼마나 거대한 별인지 실감하는 사람은 별로 없을 것이다.

5백 년 전의 코페르니쿠스 전환이 지구 중심, 교회 중심의 사고방식을 우주 중심의 세계관으로 바꾸었듯이 지금도 인간들은 새로운 가치관을 가져야 한다. 태양과 비교한 지구도 작지만 지구 안에 사는 인간은 티끌보다 작다. 그리스 철학자 데모크리토스가 '인간은 소우주'라고 말했지만 인간이 살 수 없는 환경에서 인간은 아무런 의미가 없다. 휴머니즘으로 시작한 인간 중심 세계관은 자연 존중 세계관으로 바뀌어야 한다. 인간은 지구의 모든 자원을 다 써버리거나 다른 생명체를 죽일 수 있는 권한이 없고, 그저 손님으로 왔다 가는 존재일 뿐이라는 생각을 가져야 인류의 미래가 밝다.

종교와도 엄청난 갈등을 겪은 태양은 지구의 모든 주도권을 쥐고 있다. 태양은 지구의 봄·여름·가을·겨울 사계절을 만들고 낮과 밤, 바람의 강도, 비의 양을 결정한다. 태양에서 나오는 빛 에너지를 이용한 광합성 작용으로 나무와 식물이 성장한다. 태양은 들판의 곡식을 무르익게 하고, 갖가지 과일이 열매 맺도록 해준다. 동물들은 광합성을 통해 성장한 식물이나 과일을 먹으며 생존한다. 인간은 곡식이든 가축이든 태양에너지가 탈바꿈한 영양분을 먹으며 살아간다.

인간은 따사로운 볕을 쬐면서 휴식을 취하기도 한다. 석유·석탄·천연가스 같은 에너지 또한 태양에너지가 변해서 이루어진 물질이다. 결국 인간은 태양을 먹고, 의지하고, 태양 덕분에 문명을 이루었다. 태양은 인간뿐 아니라 지구의 모든 생명체가 살 수 있도록 도와주는 어머니다. 날이 밝으면 무심결에 하루를 시작할 수 있는 힘도 태양 덕분이다.

우리는 동쪽 하늘에서 떠오르는 태양을 고마워하지 않는다. 인간이 누구 때문에 생존할 수 있는가에 대한 근본적 성찰은 하지 않고 소비와 낭비, 파괴와 오염만을 일삼는 끝이 어떻게 될지 궁금하다.

태양을 가장 사랑했던 프란치스코 성인이 즐겨 부르던 태양의 찬가를 옮겨본다.

> 오! 감미로워라, 가난한 내 맘에 한없이 샘솟는 정결한 사랑
> 오! 감미로워라, 나 외롭지 않고 온 세상 만물 향기와 빛으로
> 피조물의 기쁨 찬미하는 여기 지극히 작은 이 몸 있음을
> 오! 아름다워라, 저 하늘의 별들 형님인 태양과 누님인 달은
> 오! 아름다워라, 어머니이신 땅과 과일과 꽃들 바람과 물
> 갖가지 생명 적시는 물결, 이 모든 신비가 주 찬미, 찬미로
> 사랑의 내 주님을 노래 부른다.

아침에 일어나 떠오르는 태양의 빛을 온몸으로 받아들이면서 태양을 향해 경건한 마음으로 감사의 노래를 부르자!

주먹을 믿겠다고?

'하느님이 내려주신 은총에 인간은 감사와 찬양을 드려야 한다.'며 강론하는 나에게 '하느님이 나한테 해준 게 뭐 있냐? 하느님을 믿느니 차라리 내 주먹을 믿겠다!' 하며 주먹을 치켜드는 사람이 더러 있다. 나는 '이 사람 주먹이 정말 자신을 지켜줄 수 있을까?' 되물어 본다.

주먹만 믿는 사람이 힘없는 사람에게 폭력을 휘두르며 억지로 돈을 빼앗을 수 있을지는 몰라도 사람 주먹이 과연 비를 만들어 낼 수 있을까? 주먹이 신선한 공기를 만들어 낼 수 있을까? 주먹이 만물을 키워내는 햇빛을 만들 수 있을까?

주먹은 그럴 능력이 없다.

공기가 없어 단 3분만 숨을 쉬지 못해도 사람의 심장과 뇌는 정지한다. 그러나 주먹 하나 없어도 죽지 않는다. 심지어 두 손이 없어도 자전거를 타고, 숟가락질을 하는 사람도 있다. 달에 우주선을 보내고 머나먼 은하 세계를 연구해도 인간은 자연의 도움 없이 단 1분도 살 수 없다.

현대인들은 과학이 발달해서 달나라도 가고 화성까지 갈 수 있다 하여 자신이 마치 새로운 우주라도 만들 수 있는 전능한 신인 양 착각하지만 우리는 아직도 멀었다. 지구에서 땅을 딛고 공기를 마시며 태양 아래 살고 있는 인간이라면 비록 무신론자라 하더라도 46억 년 동안 생명체들이 쾌적하게 살 수 있도록 준비한 지구의 위대한 창조 작업에 경의를 표현해야 지구에서 살 자격이 있다.

하느님의 도움 없이 인간 능력으로 살아보겠다는 욥과 그의 친구들에게 하느님은 뼈 있는 말씀을 하신다.

사내답게 네 허리를 동여매어라. 너에게 물을 터이니 대답하여라. 내가 땅을 세울 때 너는 어디 있었느냐? …누가 문을 닫아 바다를 가두었느냐? …너는 평생에 아침에게 명령해 본 적이 있느냐? …너는 바다의 원천까지 가 보고 심연의 밑바닥을 걸어보았느냐? …인간이 없는 땅, 사람이 살지 않는 광야에 비가 내리고 황폐하고 황량한 광야를 흠뻑 적시며 풀밭에 싹이 트게 하려고 누가 길을 놓았느냐?(욥 38장)

하느님의 창조 작업에 참여하지 않았던 욥은 입을 다물고 만다. 찰나刹那를 살고 가는 인간은 하느님과 지구가 차려놓은 잔칫상에 잠시 와서 누리고, 즐기고, 먹고 가는 나그네일 뿐이다.

하느님께서는 참 공평하시다. 하느님을 믿느니 주먹을 믿겠다며 잘난 척하는 사람, 주일날 열심히 성당 가는 사람, 부자나 가난한 사람, 나이가 많은 사람이나 어린 사람, 지위가 높은 사람이나 낮은 사람을 구별하지 않으시고 인간이 살아가는 데 꼭 필요한 네 가지, 곧 햇빛·공기·물·땅을 값없이 선물하셨다.

인간은 지구에 태어났다는 이유 하나만으로, 어느 배우의 말처럼, 잘 차려진 밥상에 숟가락 하나 들고 앉아 자연이 주는 혜택을 한껏 누리고 사라지는 존재일 뿐이다. 옛 성현들이 자연의 혜택에 깊은 존경과 감사를 드리며 겸손하게 무릎을 꿇었던 이유도 생존에 절대 필요한 요소들을 공짜로 누렸기 때문이다.

하느님께서 돈을 받고 물·공기·햇빛·땅을 주셨다면 인간이 자연의 소중함을 알았을 텐데, 모든 자연의 혜택을 공짜로 선물하셔서 그런지 자연환경의 소중함을 잘 느끼지 못한다. 인간이 만일 햇빛·공기·물·땅을 사용하는 데 값을 치러야 한다면 극심한 스트레스를 받을 게 분명하다. 현대를 살아가는 우리는 하느님으로부터 공짜로 선물받은 네 가지 가운데 세 가지는 이미 돈을 주고 쓰기 시작했다.

첫째, 공짜로 쓰라는 땅을 엄청나게 많은 돈을 주고 쓴다.

서울 강남에 땅 한 평 갖고 싶으면 적어도 4천만 원은 가져야 한다. 열 평 가지려면 4억 원은 있어야 한다. 4억을 모으려면 평범한 직장인이 한 푼도 안 쓰고 모아도 40년이 걸린다. 하느님께서 공짜로 쓰라고 주신 땅을 돈 내고 쓰면서부터 대한민국 사람들은 많은 스트레스를 받는다.

나는 전국을 다니며 강의할 때 그 지역 땅값을 물어본다. 강남 사람들은 한 평에 1천5백만 원에서 몇천만 원이라고 뿌듯해

하며 말한다. 수도권은 5백만 원에서 1천만 원 정도 나간다고 자랑한다. 충청도만 가도 백만 원이라고 주눅 들어 말한다. 전라도에 가면 2만 원도 안 된다며 혀를 끌끌 찬다. 사실 땅값 비싼 강남은 살기가 팍팍한 곳이고 땅값이 거저인 전라도 산골짝은 사람 살기 좋은 곳인데 사람들 생각은 완전히 다르다.

1980년대 강남 개발 붐이 일 때 땅값이 하늘 높은 줄 모르고 뛰자 온 국민들 머릿속에 1+1=2가 아니라 1+1=100이라는 뻥튀기 공식이 박혀버렸다. 1억짜리 땅을 사고는 1년도 지나지 않아 자기 땅이 10억 정도까지 뛸 것이라는 어처구니없는 믿음이 있다.

땅값에 미친 현대인들 마음 안에는 평화가 자리 잡기 힘들다. 뛰지도 않은 땅값 9억이 머릿속에 이미 꽉 차 있다. 땅 투기가 목적인 사람들은 땅값이 1억에서 꿈쩍도 안 하면 9억을 손해 봤다고 혼자 착각하고 분통을 터뜨린다. 스스로 판 굴에 생매장 당하는 투기꾼들이 많다. 세계 어디를 돌아보아도 땅값이 갑자기 뛴 나라치고 경제공황을 겪지 않은 나라가 없다. 일본은 땅값이 너무 뛴 바람에 90년대부터 지금까지 성장이 멈춰버렸다. 미국은 2000년 들어 집값이 두 배, 세 배로 뛰고 난 뒤 2008년 금융위기라는 깊은 수렁에 빠졌다. 스페인은 유로화 덕분에 집값이 급등했지만 거품이 빠지자 경제공황이 와서 청년 실업률이 50퍼센트에 이른다.

하느님이 공짜로 주신 땅을 돈 주고 쓰면 멸망에 가깝다는 신호인데, 사람들은 어리석게도 땅값이 뛰면 좋아한다. 혹시 자기가 사는 동네 땅값이 천정부지로 뛰어 기분 좋은 사람이 있다면 멸망에 점점 가까운 터에서 산다고 생각하시라. 강남에 사는 사람들에게, 강남땅 열 평만 팔아도 만 평은 너끈히 살 수 있는 평창으로 빨리 이사 오시라고 말씀드리고 싶다.

하루에도 몇천만 원씩 오르는 아파트에 사는 사람들 마음이 과연 평화롭고 안정될 수 있을까? 땅값이 붕붕 뛰듯 마음도 붕붕 떠서 살지 않을까?

비싼 땅에서 사는 서울 사람들에 비해 땅값 싼 시골에 사는 분들은 편안하고 따뜻해서 사람 냄새가 난다. 완도 옆에 있는 전라도 고금도에 강의 갔을 때, 날씨가 좋지 않아 광주행 비행기가 연착하고 해남까지 가는 길에서도 폭우로 자동차가 속력을 내지 못했다. 엎친 데 덮친 격으로 섬으로 들어가는 배를 늦게 타서 오후 2시 강의시간을 훌쩍 넘겨 3시 반에 도착했다. 다들 집으로 돌아갔으려니 생각하고 강의실에 들어갔는데 강의를 듣기 위해 모이신 200여 분이 한 분도 집에 가지 않고 환한 웃음과 박수로 나를 맞아주었다. 땅값 싼 지역에 사시는 분들이 보여준 여유와 따듯함을 지금도 잊을 수 없다. 하지만 땅값이 싼 지역에 갑자기 개발 바람이 불어닥쳐 땅값이 뛰면 그곳 또한 사람 살 동네가 못 된다.

만일 땅값 비싼 서울·경기 지역에서 강의에 한 시간 늦게 도착했다고 상상해 보라! 늦어도 괜찮다는 듯 따듯하게 나를 맞아줄 수 있을까?

여유가 없는 도시 사람들에게 더 심각한 문제는 흙을 밟지 않

는다는 데 있다. 도심 속에 사는 사람들은 아침부터 밤까지 딱
딱한 아스팔트, 시멘트, 보도블록을 밟고 다닌다. 하루 종일 딱
딱한 바닥을 밟고 다니면 몸도 마음도 딱딱해진다. 심리학자들
이 일주일에 한 번도 부드러운 흙을 밟지 않는 사람들의 정신을
분석해 본 결과, 50퍼센트 정도가 정신 이상 증세를 보였다고
말한다. 도심 속을 걸어 다니는 사람들 둘 가운데 하나는 '제정
신'이 아니라는 말이다.

주변에서 들려오는 사건 사고를 곰곰이 생각해 보면, 심리학
자들 말이 맞다. '제정신' 아닌 현대인들이 어린아이를 납치하
고, 길 가는 사람을 아무 이유 없이 살해하고, 보험금 타 먹겠
다고 남편을 살해하고, 부부싸움 끝에 분노를 견디지 못해 집에
불을 지르기도 한다. 날마다 사회면을 장식하는 끔찍한 폭력들
이 '제정신'에서 나오는 행동일 리 없다.

우리 모두는 딱딱한 아스팔트를 걷다가 공원 잔디밭을 걸을
때의 포근한 느낌을 잘 안다. 유럽 공원에서는 사람들이 잔디밭
에서 책도 읽고 다정스레 이야기도 나누는데, 우리 도심 속 공
원에서는 잔디밭도 밟지 못하게 한다. 이런 환경에서 사는 도시
인들이 제정신을 가지고 살기란 힘든 일 아니겠는가?

흙으로 돌아가야 한다. 흙의 부드러움, 따뜻함을 느끼고 만물
을 길러내는 흙의 넉넉함을 배워야 한다.

둘째, 석유보다도 비싼 돈을 내고 물을 사서 마신다.

석유 1리터 원가는 천 원 정도이고, 나머지는 전부 세금이다.

그런데 고속도로 휴게소에서 1리터 생수 한 병이 천 원이다. 파리 드골 공항에서는 500밀리리터 물값이 무려 5천 원이나 한다. 석유 값보다 물값이 훨씬 비싼 시대가 왔다.

사회학자들은 석유 값보다 물값이 비싸지면 사회가 불안정해진다고 주장한다. 물이 비싸지니까 팔아먹지 않는 물이 없다. 현대판 봉이 김선달들은 속리산 물, 지리산 물, 설악산 물, 제주도 암반수 물, 평창 물까지 팔아먹는다.

부자들은 몇백만 원짜리 정수기를 집에 들여놓는가 하면, 강남 어느 지역에서는 1년에 물값만 1천5백만 원 이상 지출하는 부자들도 있다. 나같이 산골에 사는 사람들은 지하수를 퍼서 먹는다. 물 소비에도 빈부 격차가 생겨버렸다.

물을 돈 주고 사서 마시는 일은 인류 역사 속에서 충격적인 대사건이다. 하늘에서 선물로 내려주는 물을 플라스틱 병에 담아 돈을 주고 거래하다니 이 얼마나 기막힌 일인가!

심지어 30년 동안 비가 오지 않는 동부 아프리카에서는 돈을 주고도 물을 살 수가 없다. 우주에서 은총으로 쏟아부은 물을 인간이란 희귀한 동물은 돈을 주고 거래한다.

셋째, 공기도 사서 마시는 시대가 왔다. 서울 올림픽이 개최되던 1988년경부터 생수를 사 먹기 시작하더니 2000년 들어서는 공기까지 사서 마시는 시대가 왔다.

공기 판매업자들은 설악산과 제주도 공기를 깡통에 담아다가 땅값 비싼 서울 사람들에게 판매한다. 하루 종일 나쁜 공기 속에서 공부에 지친 학생들의 정신을 맑게 해주는 공기라며 팔아 먹는다. 찜질방 주인들도 따로 산소방을 만들어 놓고 오염된 공기를 마셔 가슴이 답답한 도시 손님들을 유혹한다. 가정에서도 공기청정기를 설치하는 집이 늘어난다. 독서실을 운영하는 사람들도 산소방이라는 독서실을 만들어 다른 일반 공부방보다 만 원 더 비싸게 받아먹는 일도 생겼다. 인류 역사에서 물에 이어 공기까지 판매하는 어처구니없는 일이 벌어졌다.

지구 어느 공간에나 있는 공기를 돈을 주고 마시다니!

우리나라는 땅덩어리가 좁아서 어느 나라보다도 땅값 때문에 심한 스트레스를 받지만 우리가 자랑할 국가 자산은 물과 공기다. 국토의 65퍼센트가 산이기 때문에 울창한 숲에서 뿜어져 나오는 신선한 공기와 맑은 물은 세계 어느 나라에도 뒤지지 않는다. 금수강산에 사는 대한민국 사람들이 깨끗한 물과 맑은 공기를 보존하지 못하고 돈 주고 사서 마신다. 조선일보 논설위원으로도 유명한 이규태 씨는 '우리나라는 산유국産油國은 아니더라도 산수국産水國이다.'라고 말했다. 대한민국은 물을 수출할 수 있는 나라인데도 물을 수입해서 먹는다.

공짜로 주신 네 가지 선물 중 땅·물·공기, 세 가지를 돈 주고 쓰고 있으니 대한민국 사람들은 멸망의 끝자락에 와 있는 꼴이다.

이제 마지막 선물인 햇빛마저 마음대로 쬘 수 없다면 인간들은 지옥 같은 세상에서 죽을 것이다. 1950년 이래로 자외선을 막는 오존층이 파괴되는 바람에 햇빛도 마음대로 쬘 수 없다.

하느님께서 사람으로서 살아가는 데 절대로 필요한 네 가지를 공짜로 주신 깊은 뜻은 햇빛·땅·물·공기를 개인 재산으로 소유하면 사람들이 지구에서 너무 고통스럽게 살아갈 것임을 잘 아셨기 때문이다.

주먹만 믿고 사는 사람들은 자연 앞에 고개를 숙여야 한다. 우리는 전적으로 지구 자연에 의지해서 살고 하느님 은총 속에서 살아가는 존재다.

2
지구온난화

늑대가 나타났어요!

  지구는 분명 점점 더워진다. 지구촌 사람들은 북극곰이 사냥
터인 유빙을 찾지 못해 굶어 죽는다는 이야기, 아무리 더워야
섭씨 25도 이상 올라가지 않는 모스크바의 기온이 2008년 여름
에는 38도까지 올라가 몇천 명씩 죽었다는 이야기, 가뭄 때문에
세계 곳곳에서 자연발화로 산불이 나고 아열대 지방도 아닌 한
국에 말라리아가 창궐한다는 이야기, 태풍의 강도가 점점 세어
진다는 이야기같이 기상이변에 대한 소식을 끊임없이 듣는다.

  2007년 10월 25일 평창 생태마을 식당 앞 돌 틈에서 진달래
가 예쁜 연분홍색을 드러내며 피어났다. 평창에도 어김없이 찾
아온 기상이변에 가슴이 덜컹 내려앉았다. 2011년 9월 15일 전
국민은 찜통더위에 시달렸다. 특히 대구는 34도까지 올라갔다.
더위에 지친 국민들이 한꺼번에 에어컨을 켜는 바람에 산업체
와 중요 국가기관을 보호하기 위해 도처에서 전력을 차단하는
대형사고가 터졌다. 2011년 가을엔 봄에 피어야 할 개나리가
피어나기도 했다. 기상학자들은 지구의 계절 자체가 뒤바뀌고
있다고 주장한다.

아직도 사람들은 환경파괴를 강 건너 불구경하듯 남의 일로만 생각한다. 환경학자들은 지구촌 사람들을 끓는 물 속의 개구리에 비유한다. 개구리를 끓는 물에 집어넣으면 뜨거운 열을 감지해서 뛰쳐나온단다. 하지만 미지근한 물에 넣어 천천히 물을 덥히면 끓는 물에 피부가 서서히 적응해서 나중에는 자신이 끓는 물에 있는지도 모른 채 죽는다고 한다.

　내가 어렸을 때는 여름이 아무리 더워야 7월 15일부터 8월 15일 사이에만 30도가 넘었는데 10년 전부터 6월에 30도가 넘더니 5년 전에는 5월에 30도가 넘었다. 급기야 2009년 4월 18일에 밀양은 31도가 넘었다. 2011년은 9월 말까지 30도가 넘었다. 이제 30도가 넘는 기간이 4월부터 9월까지 6개월 동안 지속되는데 그 심각함을 피부로 느끼는 사람이 별로 없다. 현대인들은 지구온난화에 서서히 적응해서 자신들이 끓는 물 속에서 곧 죽을 것이라는 사실도 모르고 있다.

　"늑대가 나타났어요!" 하는 거짓말에 익숙해진 사람들처럼 현대인들은 "지구가 뜨거워지고 있어요!" 하는 말을 허풍 떨기 좋아하는 무리들이 지어낸 거짓말이나 위협 정도로 여길 뿐이다. 빙하가 녹고, 만년설이 사라지고, 바다 온도가 34도까지 올라가고, 미국 중서부를 휩쓰는 강력한 토네이도와 해안가를 강타하는 수많은 기상이변의 증거들은 생물종들이 멸종할 가능성이 높다는 신호다.

　지금처럼 급속도로 기온이 상승하면 대기 중 이산화탄소 농도가 400ppm이 넘는 2016년 지구 날씨는 어떨까? 지구 전체 온도가 올라가 북극과 남극, 만년설이 녹아 사라지면 지구온난화 속도는 지금보다 서너 배 빨라질 것이다.

얼음으로 뒤덮인 북극과 남극은 너무 추워서 쓸모없는 버려진 땅처럼 보이지만 인간에게 꼭 필요한 지역이다. 북극과 남극의 빙하와 극지방의 만년설은 지구로 들어오는 태양빛을 반사해 인간이 가장 살기 좋은 기후 섭씨 16도를 유지해 주는 자동 온도조절 장치다. 아울러 시베리아, 알래스카, 캄차카 반도를 뒤덮고 있는 흰 눈 또한 태양빛을 반사해 지구가 뜨거워지는 불행을 막아주는 역할을 한다.

1979년에 지구 온도를 조절해 주는 북극 빙하는 남한의 70배나 되는 700만 제곱킬로미터였다. 그러나 지구온난화 때문에 30년이 지난 2011년 여름에는 남한 땅 55배에 이르는 빙하가 사라지고 겨우 15배쯤밖에 안 되는 빙하가 남았다. 그나마도 2013년 여름 기준으로 북극 빙하는 모두 사라질 것이다. 북극 빙하가 모두 녹는 2014년 여름부터는 지구에 어떤 일이 벌어질지 아무도 예측할 수 없다. 다만 우리가 상상하기도 힘든 일들이 벌어질 것이라는 막연한 두려움만 우리를 기다리고 있다.

지구가 뜨거워지면 적도 지방보다 극지방의 온도가 더 빨리 상승한다. 환경 기자로 유명한 조너선 위너는, 지구 평균 온도가 1도 상승하면 북극 온도는 10도까지 상승한다고 주장한다. 실제로 알래스카에 이민 간 할머니한테, '알래스카 겨울보다 경기도 겨울이 더 춥다.'는 믿지 못할 이야기도 들었다.

기상예보에 귀를 쫑긋 세우고 들으시는 분들은 '북극 지방이 평년보다 10도 더 덥다.'고 하는 기상 캐스터의 이야기를 심심치 않게 들을 수 있다.

캐나다 퀸즈 대학 연구팀은 2007년 여름 북극 온도를 측정했는데, 과거 100년 동안 아무리 높아야 섭씨 5도 정도였던 북극 여름 기온이 무려 22도까지 치솟은 사실을 발견했다. 낮 기온이 섭씨 22도면 사람이 반팔을 입고 다녀도 될 날씨다. 북위 38도에 사는 우리는 결코 느낄 수 없지만 지금 북극 빙하가 봄눈 녹듯 철철 녹아내린다.

더운 날씨 때문에 북극 빙하 3분의 1이 녹아 바다로 흘러들어 갔다. 만일 북극과 남극이 모두 녹으면 지구는 돋보기 안에 갇힌 신세로 기온은 걷잡을 수 없이 올라간다. 특히 지구 빙하의 95퍼센트를 차지하는 남극 빙하가 녹으면 해수면 상승은 더 빨리 진행되는데 남극에서는 뉴욕 맨해튼만 한 빙붕들이 떨어져 나와 바다로 녹아들어 간다. 빙하가 녹으면 해수면이 상승하고, 해수면이 상승하면 저지대 지방의 농토가 침수된다. 세계 최대 도시 열다섯 곳 가운데 열세 군데가 물에 잠길 것이다. 해수면이 상승하면 강도가 약한 지진에도 강력한 해일이 일어난다. 또 해수면 상승은 태풍 강도를 세게 만들고, 급기야는 몇백만 명을 한꺼번에 몰살할 수 있는 슈퍼태풍이 발생할 수도 있다.

더 걱정스러운 일은 빙하가 녹아 바다로 흘러들어 가면 바다의 염도가 낮아져 바닷물의 흐름이 멈출 수 있다. 롤랜드 에머리히 감독의 영화 〈투모로우Tomorrow〉는 빙하가 녹은 물이 바

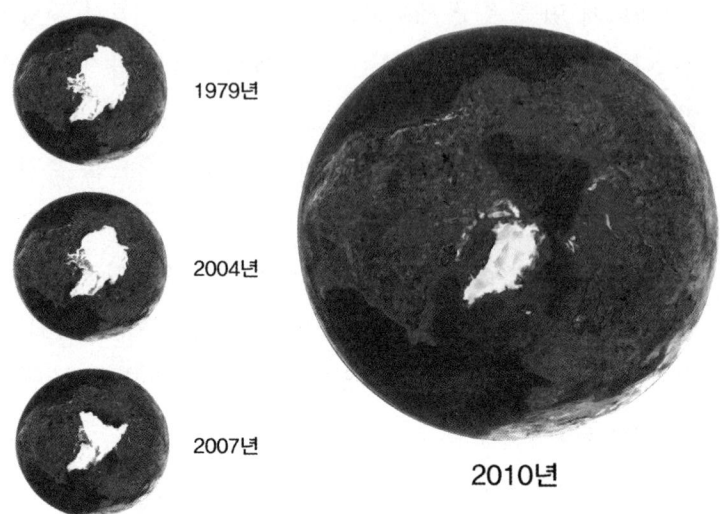

1979년

2004년

2007년

2010년

불과 28년 만에 북극 빙하의 3분의 1이 녹아 없어진 장면.
2012년이면 광활한 북극 빙하가 다 녹을 수 있다고 과학자들은 주장한다.

다로 흘러들어 가 바다 염도가 낮아지면 해류가 멈추어서 멕시
코 만의 따듯한 난류가 북대서양으로 흘러들어 가지 않아 미국
과 유럽에 빙하기가 온다는 가설을 기반으로 만든 영화다. 북
극 온도가 22도까지 올라갔다는 보도를 접하면서 〈투모로우〉
는 그저 영화로 끝날 문제가 아니라 현실로 일어날 것 같은 느
낌이 든다.

　그동안 수많은 기상학자들이 걱정하며 예측했던 기상변화 모
델이 소름 끼칠 정도로 정확히 맞아떨어지는 현상이 더 걱정
스럽다. 가장 염려스러운 면은 시베리아 영구 동토대가 녹는다
는 사실이다. 시베리아 동토층에 얼어붙은 두꺼운 눈 아래에

는 만 년 전 빙하기 때 죽은 수많은 짐승과 각종 식물들이 썩어서 변한 메탄가스가 가득하다. 얼어붙은 시베리아가 녹으면서 그동안 묻혀 있던 메탄가스가 지상으로 분출하기 시작했다. 메탄은 이산화탄소보다 태양열을 붙잡는 힘이 스물세 배나 강한 물질이다.

인류가 배출하는 메탄 양은 1년에 기껏해야 70억 톤쯤이다. 하지만 시베리아 영구 동토대 아래에는 인류가 1년에 배출하는 메탄 총량보다 70배 많은 5천억 톤 가까운 메탄이 저장돼 있다. 얼어붙은 시베리아 동토대가 녹은 지점에 연구원들이 성냥불을 붙이자 메탄 영향 때문에 불꽃이 인다. 메탄을 내뱉는 소 트림에다가 시베리아 동토대에 묻혀 있던 메탄까지 쏟아져 나오면 지구는 뜨거워지다 못해 폭발할지도 모른다.

정말 걱정되는 일들이 지구 곳곳에서 발생한다.

"세상 사람들, 정말 늑대가 나타났다고요!"

온난화의 징후들

　서울 올림픽이 열린 1988년부터 지구는 급격히 더워졌다.

　우리나라도 1995년부터 눈에 띄게 기상이변이 많이 일어났다. 1995년 충남 서산과 파주 지역에 엄청난 폭우가 내렸고, 2002년 태풍 루사 때는 동해안에 897밀리미터나 되는 비가 하루에 쏟아졌다. 30밀리미터만 더 내렸더라면 강원도 최상류에 있는, 저수량 5천만 톤의 도암 댐이 터졌을 것이다.

　따뜻한 겨울 때문에 가을에 피어야 하는 코스모스가 봄에 피고, 대구에서는 사과 재배가 힘들어진 반면 춥다고 하는 강원도 영월 사과가 남도 지방 사과보다 맛있다. 2006년 여름에는 강원도 평창에 물 폭탄처럼 내린 비로 200군데가 넘는 강둑이 터졌다. 생태마을에 피정 온 100여 명이 사흘 동안 강물에 갇혀 오도 가도 못했다.

　해외로 눈을 돌려보면, 2002년 북유럽엔 100년 만에 최악의 홍수가 덮쳤고, 2003년 서유럽에는 살인적 폭염이 기승을 부렸다. 로마로 유학 간 동창 신부 이야기를 들어보면 지옥이 따로 없었다고 한다. 병원 전체에 시체 썩는 냄새가 진동해서 돌아가신 부모님을 찾은 자녀들이 구역질을 할 정도였다. 가장 많은 피해를 본 프랑스를 포함한 유럽 전역에서 2만여 명에 이르는 노인이 더위로 사망했다. 각 병원 영안실에는 시체를 안치할 장소가 없어 복도에 방치했고, 심지어는 병원 밖 길거리에서 시체를 처리할 정도였다. 2010년에는 러시아에서 폭염으로 1만 5천 명이 사망했다.

세계 기상기후 보고에 따르면, 해마다 태풍의 강도는 점점 세지고 발생 횟수도 1.5배나 증가했다. 2005년 미국 뉴올리언스를 강타한 허리케인 카트리나는 6천 명의 목숨을 한순간에 앗

위기의 지구를 잘 표현한 로마 바티칸 박물관 한가운데 설치된 조형물.

아갔다. 2007년 11월 방글라데시를 강타한 사이클론 시드로는 만 명 이상을 죽음으로 몰아넣었고 국가 농업기반 자체를 엉망진창으로 만들었다. 이제 환경 재앙은 선진국, 후진국을 가리지 않는다.

2007년에는 히말라야 만년설이 녹아내리면서 산중턱의 호수가 흘러넘쳐 홍수로 수많은 사람이 죽었다. 알프스 산맥은 만년설이 녹아 지도를 다시 작성해야 할 정도다. 알프스는 19세기 중반 이후 전체 빙하의 50퍼센트 이상이 녹아내렸고, 지난 10년간은 급격히 빠른 속도로 빙하가 녹아내렸다. 태국은 2011년 6월부터 9월까지 내린 비로 국토의 5분의 1이 물에 잠겼다.

지난 30년간 아프리카 동북부 지역에서 가뭄 때문에 수많은 어린이가 죽었고, 지금도 죽어간다. 중국 내륙지방에는 3년 동안 비가 한 방울도 내리지 않아 6백만 명이 농사를 짓지 못했다. 해발 고도가 4미터도 안 되는 남태평양 섬나라 투발로는 해수면 상승으로 나라가 물에 잠겨 2002년부터 주민들이 뉴질랜드로 삶의 터전을 옮기기 시작했다. 또 미국 메릴랜드 체서피크 만에서는 13개 섬이 사라졌다.

2004년 11월 29일 인도네시아 수마트라 섬 북부 서부연안에서는 규모 9.0의 강진이 발생하면서 30미터 높이의 지진해일이 덮쳐 30만 명이나 되는 주민과 관광객이 순식간에 죽었다. 수마트라 섬 피해자는 2차 세계대전을 끝내기 위해 히로시마와 나가사키에 투하된 원자탄의 희생자보다 더 많은 숫자다. 2011년 3월 13일에는 일본 북동부를 강타한 쓰나미로 2만 명이 사망했다. 앞으로 더욱 높아질 해수면 상승과 지진이 만나면 공포의 쓰나미가 지구 곳곳을 덮칠 것이다.

최근 15년 동안 지구 온도는 아홉 번 연거푸 기록을 깨며 올라갔다. 지난 150년간 가장 따뜻했던 해 1-9위가 모두 1990년 이후다.

2007년 가뭄과 고열로 그리스 국토의 절반이 산불에 탔다. 잇달아 미국 캘리포니아에서는 대한민국 땅 세 배에 달하는 산림이 가뭄과 자연발화로 불탔다. 고온 건조한 시기에 유칼립투스 나무끼리 부딪혀 자연발화가 잦은 호주는 해마다 남한 지역만큼 넓은 산림이 파괴된다. 2007년은 지난 100년 중 가장 따뜻한 해로 기록을 경신했다. 2010년은 또다시 100년 가운데 가장 따뜻한 해로 등극했다. 100년 만에 가장 따뜻한 해의 기록은 앞으로 기상 관측 때마다 경신될 것이고, 100년 만에 가장 따뜻한 해가 아닌 65만 년 만에 가장 뜨거운 시기를 30년 안에 맞이할 것이다. 지구가 부글부글 끓기 직전이다.

세계 경제는 비약적으로 성장하고 더욱이 중국·인도·러시아·브라질의 경제성장률이 매년 10퍼센트를 넘나드는 상황에서 이산화탄소 배출은 늘면 늘었지 줄지는 않을 것이다.

중국만 생각해 봐도 지구의 미래는 끔찍하다. 중국 대륙에 자동차가 현재 3천만 대 정도 돌아다니는데 앞으로 10년 뒤 1억 대로 늘어난다면, 석유자원 문제도 심각하지만 이산화탄소 배출량은 지금보다 곱절 더 늘어날 것이다. 2010년 기준으로 10억 대나 되는 자동차가 석유를 태우며 지구 곳곳에 이산화탄소를 배출하고 다닌다. 중국이 중동뿐 아니라 아프리카 석유까지 싹쓸이하려는 기세로 외교에 총력을 기울이는 점도 상당히 걱정스럽다. 13억 중국인이 태워 없애는 석유가 유럽 모든 국가가 태워 없애는 석유보다 많다.

이산화탄소를 줄여주는 숲마저도 벌채, 산불, 경작지 확보 때문에 사라진다. 그리스·미국·러시아 산불이 아니더라도 비행기를 타고 브라질·인도네시아·동남아시아 상공을 지나다 보면 울창하던 숲이 농지로 바뀐 것을 볼 수 있다.

인류가 배출하는 이산화탄소 7분의 1을 흡수하던 숲이 개발이라는 이름으로 망가졌다. 만년설과 울창한 숲이 사라진 지구는 온난화 가스인 이산화탄소가 95퍼센트이고, 표면 온도가 470도인 금성과 같은 기후 조건으로 변해 갈 것이다.

100명의 과학자와 인터뷰를 하고 환경과학서 「100년 후 그리고 인간의 선택」이라는 책을 쓴 조너선 위너는, 지구온난화가 이대로 진행되다가는 앞으로 100년 후에는 지구상에 남아 있을 생명체가 거의 없을 것이라고 경고한다.

지구는 왜 뜨거워지는가?

　지구가 뜨거워진 결정적 이유는 산업혁명 시대에 발명한 증기터빈 때문이다. 석탄을 태워 힘을 얻는 증기터빈으로 기차도 움직이고 기계도 가동하면서, 태양열을 붙잡는 이산화탄소가 빠른 속도로 늘어났다. 현대인들 편리하라고 발명한 가전제품인 냉장고·세탁기·다리미·에어컨·컴퓨터·보일러 같은 제품들은 모두 석탄과 석유를 태워 얻은 힘으로 움직인다. 세계 곳곳에서 크고 작은 화력발전소 5만 개 이상이 석유와 석탄을 태워 이산화탄소를 굴뚝으로 뿜어낸다. 석탄 화력발전소를 가장 많이 운영하는 나라는 중국으로, 화력발전소 가운데 79퍼센트는 석탄을 태워 생산하고 나머지는 석유·천연가스·원자력을 사용해서 생산한다. 인도는 국가 전력의 69퍼센트를 석탄을 태워 충당한다. 석유보다 석탄이 이산화탄소를 많이 배출한다는 것은 모두가 아는 사실이다.

　인류는 석유를 쓰면서 눈부신 산업 발전을 이루었다. 1858년 미국에서 드레이크라는 사람이 펜실베이니아 지하 21미터에서 석유를 채굴하면서 본격적인 석유시대가 열렸다. 특히 자동차 혁명이 일어나면서 석유의 쓰임새가 더욱 많아졌고 지구를 뜨겁게 하는 이산화탄소는 폭발적으로 늘어났다. 자동차가 내는 힘을 마력으로 계산하는데, 이는 보통 말 한 마리가 순간적으로 끄는 힘을 말한다. 보통 중형자동차 한 대 힘을 140마력으로 계산하면 2,000cc 한 대가 시내를 주행하면 말 140마리가 끌고 가는 꼴이다.

정조 임금이 한양에서 아버지 사도세자 묘가 있는 수원 융릉으로 행차할 때 동원한 말을 모두 합쳐야 겨우 110마리였다. 지금은 집집마다 말 140마리가 끄는 신식 마차를 타고 다닌다. 현대인들은 말 110마리를 끌고 다닌 정조 임금보다 더 막강한 힘을 가지고 돌아다닌다. 대한민국에 돌아다니는 차는 1천8백만 대다. 대한민국 모든 가정이 200년 전 정조 임금처럼 산다. 이 좁은 땅에서 교통수단으로 사용하는 말이 25억 2천만 마리다. 미국 차량 숫자를 최소 1억 대로 잡아도 미국 대륙에 140억 마리 말이 돌아다닌다. 더욱이 국가 사이에 무역이 늘어나면서 비행기 운항도 늘어나 더 많은 에너지를 태워 없앤다.

예수님 시대에 2억 5천만 명이던 세계 인구가 5억이 되는 데 무려 1,650년이 걸렸다. 5억에서 10억으로 증가한 때는 200년밖에 지나지 않은 1850년이었다. 10억에서 20억으로 증가하는 데는 그 절반인 100년(1950년)밖에 걸리지 않았다. 30년 후인 1980년에는 그 배인 40억으로 증가했다. 또다시 30년이 지난 2010년 말 기준으로 지구의 인구는 무려 70억 명이다. 현재 지구 인구밀도는, 넷이 살면 적당한 30평 아파트에 70명이 사는 꼴일 만큼 높다. 지구는 늘어나는 인간 때문에 터지기 일보 직전이다.

석유와 석탄을 이용하는 산업기술이 발달하고, 자동차와 비행기가 인구 증가와 비례해서 늘어나니 지구라는 별이 인간의 소비 욕구를 감당할 수가 없다.

전 세계 이산화탄소 배출량은 2002년 기준으로 241억 톤이었는데 29개 나라밖에 안 되는 경제협력개발기구(OECD) 국가가 절반도 넘는 125억 톤을 배출했다. 지구온난화 주범은 잘사는 선진국이다. 미국이 56억 톤으로 단연 1위였고, 중국이 32억 톤으로 2위, 러시아가 15억 톤으로 3위, 일본이 12억 톤으로 4위, 그리고 인도가 10억 톤으로 그 뒤를 이었고, 우리나라는 이산화탄소 배출량이 세계 10위였다. 8년이 지난 2010년 기준으로 연간 이산화탄소 배출량은 330억 톤으로 늘어났다. 전 세계가 '이산화탄소를 줄입시다!'라고 아무리 구호를 외쳐도 이산화탄소는 줄기는커녕 8년 만에 무려 90억 톤이 늘어났다.

2002년 일본 교토에 전 세계 정상들이 모여 지구온난화를 부추기는 물질인 이산화탄소를 줄이자고 심각한 표정으로 토론하고 결의했는데도 이산화탄소 배출량은 폭발적으로 늘어났다. 2010년 이산화탄소 배출량 1위는 순위가 바뀌어 중국이 90억 톤으로 1위였다. 미국보다 무려 38억 톤을 더 배출했다. 미국은 8년 만에 4억 톤을 줄여 52억 톤으로 2위로 내려앉았다. 인도가 3위, 러시아가 4위를 차지하고 우리나라는 세계 8위까지 올라섰다. 중국·인도·러시아가 쓰는 화석연료가 전 세계 사람이 쓰는 화석연료보다 많다. 이 단순한 통계만 보더라도 지구의 미래는 밝기보다는 점점 더 어두워지고 있음을 예측할 수 있다.

나를 포함한 현대인들에게, 만신창이가 된 지구 환경을 보존하기 위해 기계문명이 주는 편리함을 포기하고 200년 전 삶으로 돌아가자고 하면 지구를 살리겠다는 굳은 의지로 분기탱천해서 따라나설 사람이 과연 몇이나 될까?

노아가 홍수를 피하기 위해 방주를 만들었을 때 주위 사람들이 미친 사람이라고 비웃었듯이, 현재 정권을 잡고 있는 미국의 주류 세력은 지구 환경을 걱정하는 사람들을 '정신 나간' 사람 또는 '무정부주의자'로 몰아세운다. 이산화탄소의 7분의 1을 배출하는 미국은 전 세계의 지도자들이 모여 이산화탄소를 줄이자고 합의한 2002년 교토의정서에 2006년까지도 참여하지 않았고, 2012년 현재도 여전히 미온적이다. 지구촌이 배출하는 이산화탄소의 4분의 1을 배출하는 중국은 이산화탄소를 줄일 생각은 아예 하지 않는다. 오히려 지난 200년 동안 이산화탄소를 배출한 미국·일본·유럽이 지구온난화를 책임져야 한다면서 비난한다.

엄청난 에너지를 소비하며 풍요롭게 사는 선진국 사람들은 중동에서 날마다 터지는 폭탄 테러보다 더 끔찍한 테러를 지구촌에 저지른다. 현대 세계를 살아가는 사람들은 누구를 미워하고 증오하는 일만 죄라고 생각해서는 안 된다. 에너지를 펑펑 써서 이산화탄소 배출에 동참하는 모든 사람은 아담과 하와가

지은 원죄보다 더 무거운 공통의 죄를 짓고 사는 것이다.

온갖 환경 재앙으로 지구촌에서는 1년 내내 일주일이 멀다 하고 몇백, 몇천, 몇만 명이 죽어간다. 자동차 배기통, 공장과 각 가정의 굴뚝을 통해 배출되는 이산화탄소는 지구촌을 점점 뜨거운 별로 달구어 가난한 제3국 사람들을 더 괴로운 삶으로 몰아갈 것이다.

방송들은 앞다투어 '100년 만에 최악의 더위', '기상 관측 이래 최악의 홍수'라는 지구촌 소식을 세계 각국에 전한다. 이산화탄소 때문에 지구는 지옥처럼 펄펄 끓는 별로 변해 가고 그 열기에 괴로운 사람들의 비명이 오늘도 들려온다.

알프스 만년설

2006년 북유럽을 여행하면서 지구온난화 때문에 알프스 산맥 만년설이 빠른 속도로 녹아내린다는 이야기를 듣고 예정에도 없던 융프라우에 들렀다.

유럽의 지붕이라 불리는 해발 3,450미터 높이의 융프라우 정상은 바위산을 뚫은 터널 덕분에 꼭대기까지 기차가 올라갈 수 있다. 여행안내서에는 8월 한여름에도 정상은 추우니 두꺼운 옷을 준비하라고 되어 있었다. 나는 여행안내서 말을 믿고 두꺼운 겨울옷을 껴입고 올랐다. 여름이 지난 9월 중순이었기 때문에 추위를 각오하고 만년설을 밟았다.

웬걸! 춥기는커녕 꼭대기는 너무 더웠고 태양빛이 직접 닿는 얼굴과 어깨가 따가워 이마와 가슴팍 사이로 땀이 주르륵 흘렀다. 너무 더워 두꺼운 겨울옷을 걸치고 있을 수가 없었다. 강렬한 태양 볕에 녹아내린 하얀 만년설은 '뽀드득' 소리 대신 질척거리며 졸졸 흐르는 시냇물을 이루었다. 사진을 몇 장 찍으려고 자세를 낮추다 녹아 흐르는 만년설 때문에 엉덩이가 축축하게 젖었다. 유럽의 지붕이며 젖줄이라고 불리는 알프스 만년설도 그 수명을 다한 모양이다.

2007년 3월에 찾은 아프리카 탄자니아 킬리만자로 산은 더 심각한 상황이었다. 1912년 8제곱킬로미터 넓이로 산 정상을 덮고 있던 만년설이 1제곱킬로미터밖에 남아 있지 않았다. 산 전체를 뒤덮고 있던 흰 만년설의 장엄함은 사라지고, 손톱만 한 만년설이 산 정상 끝에 매달려 있었다. 손톱만 하던 만년설도 1년 뒤인 2008년 완전히 사라져 버렸다.

이런 식으로 세계 곳곳의 만년설이 모두 녹는다면 지구촌은 물 부족 때문에 2020년쯤에는 국가 사이에 물 전쟁을 일으킬 수밖에 없다는 2004년 미국 국방보고서 내용이 떠올랐다.

10년 전부터 환경 강의를 할 때 2016년쯤이면 사람들이 지구별에서 살아가기 힘들 것이라고 떠들고 다녔다. 실제로 1999년 밀레니엄을 앞두고 60만 교우를 가진 수원교구 주보에 '인류 멸망 2016년'이라는 제목으로 글을 실었다. 그 뒤 많은 사람한테서 '글이 너무 과격한 것 아니냐!', '너무 겁주는 게 아니냐!'는 항의 전화를 받았는데 특히 초등학교 3학년 자녀를 둔 어떤 학부모 한테서 거센 항의를 받았다.

첫영성체를 하는 초등학생이 내 글을 읽고 엄마에게 이렇게 말했단다. "엄마! 2016년이면 내가 장가갈 나이 아니야? 그런데 신부님이 거짓말할 리도 없고, 인류가 망한다니 정말 걱정이네!" 밥도 먹지 않고 걱정하는 자식을 보고 화가 난 엄마가 나에게 전화해서 "신부님, 우리 아이가 신부님 글을 읽고 밥도 제대로 먹지 않고 걱정만 하니 주보에 글을 다시 써주세요! 제목은

1912년에 찍은 킬리만자로 산 꼭대기는 만년설로 뒤덮여 있었다. 2007년 킬리만자로를 덮고 있던 만년설은 끄트머리에 약간 남아 있어 인류의 운명을 미리 보여주고 있다.

인류 멸망 2046년으로 해주세요!" 하고 부탁했다.

그 엄마와 아이의 마음이 곧 내 마음이다. 나도 아름다운 지구에서 서로 사랑하고, 결혼하고, 행복한 가정을 꾸미는 세상이 오랫동안 이어지길 바란다. 하지만 점점 더워지는 지구의 미래는 그리 밝은 편이 아니다.

내 마음을 알았는지, 미국 부통령을 지내고 2007년 노벨평화상을 받았으며 「위기의 지구」라는 환경 책을 쓴 엘 고어가 2016년에 인류가 환경 대재앙을 맞는다는 영화 〈불편한 진실〉을 만들었다. 온갖 기상자료들을 종합해 본 결과 내 예측이 그리 틀리지는 않을 것 같다.

기상학자들은 1,000년에 한 번쯤 닥칠지도 모르는 기상이변을 앞으로 2년에 한 번꼴로 보게 될 것이라고 말한다. 이산화탄소가 이대로 늘어난다면 유럽 알프스 산맥, 인도 히말라야 산맥, 아프리카 킬리만자로 산, 북미 로키 산맥, 남미 안데스 산맥의 만년설이 2020년쯤 거의 다 녹아내려 강줄기에 물이 마를 것이다.

만년설에 직접 의지해서 사는 지구촌 인구는 10억 명이고, 간접 영향을 받는 인구까지 따지면 20억 명이 넘는다. 만년설이 사라지면 10억 명은 물을 찾아 민족 대이동을 할 수밖에 없고, 물이 많은 나라와 물이 없는 나라 사이에 전쟁이 일어날 가능성이 높다. 게다가 날씨가 더워지면서 바닷물 온도도 점점 올라가고 있다. 그 결과, 2003년 한국을 덮친 태풍 루사나 2008년 5월 2일 미얀마를 덮쳐 단 한 번에 15만 명을 몰살한 사이클론 나르기스 같은 초대형 태풍이 점점 많아지고 강력해질 것이다.

인간이 '고질라' 같다. 〈고질라〉는 핵실험의 피해로 탄생한 무시무시한 괴물 이야기를 다룬 영화다. 이 영화의 주인공 '고질라'는 수많은 총알 세례를 받고도 죽지 않다가 결국에는 미사일 한 방을 맞고 죽는다.

지구는 지난 46억 년간 다섯 번 대멸종을 맞았는데 현재 인류는 여섯 번째 대멸종에 직면해 있다. 폭설 · 폭우 · 태풍 · 가뭄에 시달리면서도 멸망하지 않다가 결정적인 자연재앙 한 번에 대멸종을 맞이할지도 모른다.

인간은 스스로 만물의 영장이라고 떠벌리지만, 지구 역사를 보면 인간은 만물의 영장이 아니다. 공룡은 무려 2억 년 가까이 지구의 주인공으로 살았는데, 인간은 문명을 이루고 생활한 지가 1만 년도 채 안 된 짧은 생명체다. 인간이 적어도 1억 년 정도 자연과 평화롭게 조화를 이루면서 살고 난 뒤에야 만물의 영장이라고 말할 수 있지 않을까!

지구온난화와 생물종 멸종

　지구에 얼마나 많은 생물종이 살고 있을까? 대략 3천만 종種쯤 된다. 그 가운데 우리가 아직 그들의 습성, 생존방식을 전혀 알지 못하는 생물종들도 많다. 인간의 병을 고쳐줄 수 있는 신약新藥은 대부분 숲에 있는 식물에서 발견된다는 사실만 보아도 숲이 파괴되고 생물종이 사라지는 일은 인간에게 결코 도움이 되지 않는다는 것을 알 수 있다. 지금도 하루에 3백 종 이상의 생물이 지구에서 사라진다. 한국에서도 백두산 호랑이와 곰이 사라져 이 땅 어디에서도 호랑이 흔적을 발견할 수 없다. 늑대도 완전히 사라졌고 여우는 20마리 정도 남았을 거라고 추정한다. 과학자들은 생존하는 다양한 생물종이 21세기를 겪으면서 95퍼센트 이상 사라질 거라고 예측한다.

　지구는 다섯 차례 대멸종을 겪었는데 그 가운데 최악의 멸종은 고생대 페름기로 2억 5천1백만 년 전 95퍼센트에 이르는 생물이 사라졌다. 그 뒤 중생대가 시작되고 공룡이 등장한다.

　제임스 구스타브 스페스는 「아침의 붉은 하늘」에서, 이미 지구에서 많은 생물종이 사라진 점을 안타까워한다.

맹그로브 숲과 습지대의 절반가량이 사라진 것을 비롯해 세계 삼림의 3분의 1에서 2분의 1이 사라졌다. 경작 가능한 전체 토지의 4분의 1은 과도한 사용과 잘못된 관리로 농업 생산성이 크게 악화되었다. 1960년에는 해양 어종 가운데 5퍼센트가 최대 한도까지 포획되거나 남획되었고, 오늘날에는 75퍼센트가 그런 상황에 처해 있다.

생물 다양성 상실의 위기가 바로 코앞에 닥쳐왔다. 이미 조류의 4분의 1이 멸종했고, 그 나머지 중 12퍼센트도 비슷한 위험에 처한 것으로 분류되고 있다. 또한 포유류의 24퍼센트, 파충류의 25퍼센트, 어류의 30퍼센트가 멸종 위기에 있다. 오늘날의 생물 멸종 비율은 정상적으로 종이 사라지는 비율보다 100배 또는 1,000배나 높은 것으로 추정된다.

얼마나 무서운 통계인가? 한술 더 떠서 저널리스트이면서 환경운동가인 마크 라이너스는 자신의 저서 「여섯 단계*Six Degrees*」를 요약하여 2007년 4월 영국의 「가디언」 지에 〈지옥으로 가는 여섯 단계*Six steps to hell*〉라는 글을 올렸다. 앞으로 100년 안에 지구 평균 온도는 6도까지 치솟을 것이고 6도가 올라간 시점에서 생물종 95퍼센트가 지구에서 영원히 사라질 것이라고 예측했다.

제임스 구스타브 스페스가 이미 망가진 지구를 잘 표현했다면, 마크 라이너스는 앞으로 지구가 망가질 위험을 잘 표현했다.

엘 고어 전 미국 부통령과 2007년 노벨평화상을 함께 받은 유엔 정부간 기후변화협의회의 보고서는 화석연료를 지금처럼 계속 사용하면 21세기 말 지구 기온이 최대 6.4도 올라간다고 발표했고, 마크 라이너스는 지구 온도가 6도 올라간다면 지구촌은 지옥으로 변할 수밖에 없다고 내다봤다. 서울 연합뉴스는 마크 라이너스가 말하는 여섯 단계를 다음과 같이 요약했다.

지구 온도가 1도 상승하면 네브래스카 등 미대륙 서부는 가뭄이 극심해지고 농경지도 황폐화하면서 사하라 사막과 유사한 환경이 될 것이고, 엄청난 규모의 인구 대이동이 발생할 것으로 전망했다. 반면 사하라 사막은 강수량이 늘어나면서 에덴동산과 같은 환경으로 돌아갈 것이고, 킬리만자로의 마지막 만년설이 녹아 아프리카 대륙에서는 더 이상 얼음을 볼 수 없게 된다.

2도 상승하면 그린란드 얼음이 녹아서 평균 해수면이 7미터까지 상승하고, 유럽 날씨가 중동처럼 변하면서 폭서현상으로 몇십만 명의 사상자가 발생할 뿐 아니라 산불의 위험도 커질 것이라고 경고했다. 대기 중 이산화탄소 농도가 증가하면서 바닷물에 녹아들어 가는 이산화탄소 양도 늘어나 바닷물이 산성화할 것으로 예상한다. 조개류의 탄산칼슘 껍데기가 바닷물에 녹으면 플랑크톤이 사멸되기 때문에 산호초가 사라지는 등 현존하는 생물의 3분의 1이 멸종한다. 2도가 지구 상황이 '극적으로 변하는 시점tipping point'이다. 지구 온도가 2도 상승에서 머문다면 지구 생태계는 회복이 가능하다. 하지만 만일 2도 상승에서 온실가스 감축합의를 이끌어 내지 못하거나 신재생에너지를 개발하지 못하면 인간은 아름다운 지구에서 사는 꿈을 접어야 한다. 인간에게 앞으로 주어진 시간은 길어야 30년 안팎이다.

3도 상승하면 인간들이 지구온난화를 더 이상 제어할 수 없게 되며, 아프리카 남부지역 사막화와 슈퍼태풍으로 몇십억 명의 난민이 발생하고, 북유럽과 영국에서는 여름철 가뭄과 겨울철 홍수가 번갈아 발생한다. 특히 아마존 일대의 가뭄이 악화하면서 거대한 화재가 발생하면, 열대우림에 저장돼 있던 대규모의 이산화탄소가 대기 중으로 방출돼 지구 기온이 1.5도 더 상승할 것으로 예측한다.

4도 상승하면 북극 시베리아 지역의 얼음이 녹아 그 안에 갇혀 있던 몇천억 톤의 이산화탄소와 메탄가스가 대기 중으로 방출되고, 북극곰 등 얼음에 의존하는 생물이 사라지며, 남극의 얼음도 녹아 해수면이 5미터 상승하면서 모든 도서국가가 수몰될 수 있다.

5도 상승하면 5천5백만 년 전 에오세 시기와 같은 환경으로 변해 아열대종인 악어와 거북이가 고위도인 캐나다에서 발견되고, 남극 중앙에 숲이 생기며, 해저에서 메탄 하이드레이트가 분출돼 해저가 붕괴되고 대규모 쓰나미가 발생한다.

마지막으로 6도까지 상승하면, 지구는 2억 5천1백만 년 전 페름기 말과 비슷해져 지구상의 생물종 95퍼센트가 사라진다.

지구에 인간만 홀로 살 수 없다. 숲 덕분에 신선한 산소를 얻고 바다에서 어류를 섭취한다. 만년설 때문에 농사를 지을 수 있고, 북극과 남극 덕분에 지구 온도가 사람이 살기에 적당하다. 하다못해 눈에 보이지 않는 곰팡이(유산균·효모균·사상균·광합성 세균 등)도 흙을 건강하게 하고 양질의 퇴비를 생산한다.

나비와 벌은 온갖 종류의 식물에 꽃가루받이를 해주어 열매를 맺게 한다. 지구촌 벌 3분의 1이 사라졌는데 아인슈타인은 벌이 사라진 지구에서 인간이 버틸 수 있는 기간은 3년이라고 말했다. 지구 안에 생존하는 어떠한 생물종도 인간과 무관한 종은 없다. 다양한 생물종이 사라지면 인간 생존 기반도 사라진다. 주위에 존재하는 지렁이조차 우리가 보호해야 할 소중한 생물이다.

수많은 과학자들이 예측한 이 모델은 늦춰질 수도 있고 당겨질 수도 있다. 현재 지구는 기후 대변화 한가운데에 있다. 그리고 2012년을 살아가는 우리가 어떤 선택을 하느냐에 따라 인간의 앞날은 희망과 절망 사이를 오르내릴 것이다.

개구리와 고라니

산과 강으로 둘러싸인 평창에서, 눈이 오기 시작하는 겨울이 되면 먹을거리를 찾아 마을로 내려오는 산짐승을 많이 본다. 강원도를 나가고 들어올 때마다 도로 근처에서 쌩쌩 달리는 차를 보고 당황하여 이리 뛰고 저리 뛰는 고라니 한두 마리쯤은 쉽게 발견할 수 있다.

2007년 겨울, 고라니 한 마리가 자동차에 치였다. 강에서 목을 축이고 산으로 돌아가는 고라니였다. 내 차는 치지 않고 간신히 피했는데, 반대편에서 오던 자동차가 미처 피하지 못하고 고라니를 치어버렸다. 목이 꺾이면서 나동그라지는 불쌍한 고라니 모습이 뇌리에서 떠나질 않는다. 나는 새벽이든 밤이든 도로에서 피를 흘리고 다리나 목이 꺾인 고라니의 주검을 본다.

우리나라는 숲이 울창한데도 밀렵꾼이나 올무를 놓는 나쁜 사람들 때문에 산짐승이 많지 않다. 한국 산짐승들은 사람만 보면 도망가기 바쁘다.

1997년 캐나다 토론토 대학이 주최한 환경 세미나에 참석했을 때 아주 희한한 광경과 마주했다. 로키 산맥 중간 휴게소에서 이름 모를 새들을 만났는데 사람들이 있든 말든 전혀 신경을 쓰지 않았다. 사람들 또한 새가 손에 잡힐 만한 거리에 있었는데도 새를 놀라게 하거나 쫓아다니지 않았다. 더 놀라운 장면은 사슴들이 숲 속에서 도로 위로 나오면 차들이 멈춰 섰다. 그러면 사슴들은 염분 섭취를 위해 염화칼슘이 묻은 차 범퍼를 핥는다. 도로에 나온 사슴들이 범퍼에 묻은 염화칼슘을 다 핥아먹고 숲 속으로 들어가기 전까지 빵빵거리며 경적을 울린다거나 밀치고 가는 사람은 없다. 오히려 차에서 나와 사진을 찍거나 행복한 여유 시간을 갖는다.

우리는 어떤가? 공원에 있는 비둘기를 빼고는 사람에게 가까이 다가서는 새가 없다. 어른 아이 할 것 없이 새만 보면 돌을 던지거나 잡으려 한다. 조금만 깊은 숲 속에 들어가도 산짐승을 잡기 위해 설치해 놓은 올무가 널려 있다. 도시 사람들은 말 못하는 짐승이 올무에 걸려 얼마나 외롭고 고통스런 죽음을 맞이하는지 모를 것이다.

등산하다 올무에 걸린 오소리를 봤다. 다리가 덫에 걸렸는데 피가 올무 주위에 이미 흥건했다. 오소리는 올무에서 벗어나려고 안간힘을 썼지만 네 다리 가진 짐승이 무슨 재주로 점점 죄어오는 올무를 풀어 제치고 나올 수 있겠는가? 가까이 가서 올무를 풀어주려 했으나 자기를 해치려는 줄 알고 눈에 핏발을 세우고 날카로운 이를 드러내며 나를 물려고 덤벼들어 여러 번 시도하다 풀어주지 못했다. 대한민국 산짐승들은 사람을 호랑이보다 더 무서워한다.

2000년 신설한 수원교구 능평성당에 초대 본당신부로 발령받았다. 능평은 경기도 광주시 오포읍에 있는 산속 동네다. 문형산으로 둘러싸여 있는 이 동네는 분당이 개발되기 전까지만 해도 경기도에서 가장 깊은 골짜기였다. 보도매체는 능평 골짜기를 경기도 속 강원도라 부르기도 했다.

시골 본당에 젊은 사제가 초대 주임신부로 부임하니까 교우들은 신바람이 났다. 첫 미사를 봉헌한 뒤, 궁금한 게 많은 듯 나를 둘러싸고 이것저것 묻기 시작했다. 그러다가 먹는 이야기가 나왔는데, 교우들이 "신부님은 무얼 잘 드세요?" 하며 물었다. "무엇이든지 다 잘 먹습니다." "신부님! 개구리도 드세요?" "아, 개구리 좋아하지요!" 시골에서 자란 50대 사람치고 어렸을 적 개구리, 미꾸라지 잡아먹어 보지 않은 이는 없을 게다.

낮에 교우들과 나눈 이야기는 까맣게 잊고 사제관으로 쉬러 들어갔는데, 저녁 시간에 총회장님이 전화를 했다. "신부님! 교우들이 개구리 잡아서 끓여놓았으니 오셔서 드십시오!" 그때가 한겨울인 1월 27일이었는데, 교우들은 새로 온 신부가 개구리를 좋아한다는 이야기를 듣고 산골짜기에 가서 잠자는 개구리 200여 마리를 잡아 큰 들통에 넣어 끓여놓았던 것이다. 수컷 개구리는 팔을 오므리고 죽고, 암컷 개구리는 앞발을 쭉 뻗고 들통 속에 처참한 모습으로 널브러져 있었다. 교우들은 기대에 찬 눈으로 본당신부가 개구리를 정말 잘 먹는지 지켜보고 있었다. 겨울철에 얼음을 깨고 잡아왔으니 교우들 바지 밑단에는 얼음이 얼기설기 엉겨붙어 있었다.

순간 나는 고민에 빠졌다. '이걸 먹어야 하나? 말아야 하나?' 한참을 망설이다 결국 추위에 떨면서 잡았을 교우들 정성을 생각해서 먹기로 마음먹고, 교우들에게 '기왕 잡아온 개구리니 먹긴 먹겠지만 개구리를 잡아먹으면 안 된다.' 하며 농담 반 진담 반으로 경고 아닌 경고를 했다.

일주일이 흘렀다. 주일 미사가 끝나고 사제관에 있는데 전화가 왔다.

"신부님, 우리가 개고기를 삶았는데 오셔서 드십시오!"

교우들이 초대를 했으니 나는 머물고 있던 분당 요한성당 사제관을 나와 능평성당으로 갔다. 고기를 삶아놓았는데 먹어보니 개고기가 아니었다. 다 먹고 난 뒤 솔직히 말하라고 했더니 너구리란다. 본당신부가 개구리를 잘 드시니 신바람 난 교우들이 이번에는 너구리를 잡아온 것이다. 이래서는 안 되겠다 싶어 주일날 강론 시간을 빌려 우리가 산짐승을 잡아먹으면 안 되는 이유와 나는 환경운동 하는 신부라는 점을 강조하고, 다시는 나에게 개구리라든가 너구리 같은 산짐승을 잡아오지 말라고 했다. 그 뒤로 교우들끼리는 몰래몰래 잡아먹는 눈치였지만 내 앞에서는 쉬쉬했다. 그리고 몇 개월이 지나자 놀이 삼아 사냥하던 교우들이 짐승 잡는 일을 그만두었다.

아직도 시골은 아무런 죄의식 없이 산짐승을 잡아먹는다. 하지만 이제는 죄의식을 가져야 한다. 숲 속에 짐승이 없으면 건강한 생태계를 유지할 수 없다. 생태계가 망가지면 결국 사람 사는 환경도 망가진다.

물론 산짐승 때문에 피해 보는 농가도 많다. 2천 평 남짓한 생태마을 옥수수밭에도 어미 멧돼지가 새끼 멧돼지들을 데리고 와서 내가 잡아먹은 개구리와 너구리의 원수를 갚으려 했는지 3분의 1이나 되는 옥수수를 거덜 내고 갔다. 멧돼지들 옥수수 까먹는 실력이 사람 못지않다. 알맹이만 싹 발라먹는다. 그해 옥수수 농사 피해가 심하긴 했지만 우리가 짐승에게 저지른 잘못을 생각하면 과연 피해라고 말할 수 있을까?

　이 지구는 인간만을 위해 존재하는 것이 아니다. 지구는 고라니·개구리·너구리·수달·토끼 같은 수많은 짐승을 위해서도 존재하고, 하늘에 나는 새들과 바다 속 물고기를 위해서도 존재하는, 모든 생명체에게 어머니와 같은 존재다.

　지구에서 인간이 주인공일 수는 있지만 전부는 아니다. 관객이나 조연 배우 없는 주인공은 아무 의미가 없다. 요즘 인간들이 자연에게 저지르는 만행을 보면, 오로지 인간만이 지구에 존재하는 유일한 생명체라 착각하고 있는 것 같다.

외계인들의 도시

생태마을에 닭·오리·토끼를 키우기 위해 철망구조 농장을 지었다. 평창에서는 사람 구하기가 힘들어 서울에서 철공소 기술자를 불렀다. 하루 종일 땀 흘려 일하는 기술자와 막걸리 한 잔을 주고받으며 새참을 먹었다. 서울에서 온 기술자 양반이 한잔 시원하게 들이킨 뒤 목장갑으로 입가를 훔치며 참 의미 있는 말을 했다. "신부님, 제가 서울에서 공사를 하면 흰 장갑이 금방 새까매져서 오전에 한 번, 오후에 한 번 새로 갈아 끼는데, 평창에서는 온종일 끼고 작업을 해도 새까매지지 않으니 신기합니다."

사실이 그렇다. 서울에 하루 나갔다 와서 저녁에 세수할 때 코를 풀면 새까만 먼지덩어리들이 나온다. 서울로 나갈 때 영동고속도로를 이용하는데, 양지터널을 지나 용인에만 들어서도 하늘이 뿌옇다. 숨이 막힐 것 같다. 이런 오염된 공기 속에 살면서도 장수를 누리는 도시 사람들 폐 구조가 어떻게 생겼는지 궁금하다.

대한민국 인구 절반이나 되는 2천5백만 명이 국토의 11.8퍼센트밖에 되지 않는 좁은 수도권에 따닥따닥 모여 산다. 거미줄보다 더 촘촘하게 이어진 도로망에는 자동차 물결이 넘실거린다. 도시 사람들은 그 차들이 뿜어내는 거무죽죽한 매연 속에서 숨 쉬며 살아간다.

서울 밤하늘에서 반짝이는 별을 보는 일은 쉽지 않다. 더욱이 별똥별을 보는 일은 말 그대로 하늘에 별 따기보다 어렵다. 우리가 살고 있는 북반구 지역에서만 별똥별이 하룻밤에 1만 개가량 떨어지기 때문에 평창에서 고개 들어 10분만 밤하늘을 바라보면 별똥별 한두 개는 쉽게 본다. 별똥별 보고 소원을 빌면 이루어진다는 이야기가 있는데 평창 사는 사람들은 매일 밤 소원을 빌 수 있다.

몇 해 전 여름 환경교육에 참가한 안양 지역 중·고등학생들에게 카시오페이아와 북두칠성 별자리를 설명해 주는데, 마침 별똥별 하나가 어둠을 환하게 밝히며 떨어졌다. 여기저기서 학생들의 탄성이 터져 나왔다. 너무나 좋아하고 신기해하기에 별똥별 처음 보는 학생들 손들어 보라고 했더니 모두가 손을 들었다. 200명 중 단 한 명도 15년 이상 지구에서 살면서 별똥별을 본 적이 없었다.

생태마을을 찾는 분들의 첫마디는 '가슴이 뻥 뚫린다!'라는 말이다. 특별히 폐질환을 앓고 있는 분들이 숨 쉬기가 참 편안하단다.

서울·경기 지역을 생각하면, 집 안이고 밖이고 모든 지역이 대기오염물질 생산 공장 같다. 새집에 들어가면 석유 냄새가 진동하는데 벽지·가구·장판지 같은 데서 뿜어져 나오는 냄새다. 이러한 물질은 아토피 피부염·비염·천식을 일으키기도 하고 암을 유발하는 물질로도 분류한다.

도곡동 고급 아파트에 입주하신 분이 새집 증후군에 걸려 생태마을에서 일주일 정도 쉬셨는데, 그분을 보면서 새집 증후군의 위력을 실감했다. 벤젠·톨루엔·에틸벤젠과 포름알데히드를 포함한 휘발성 유기화합물(VOC)은 수도권 사람을 가장 괴롭히는 오염물질이다.

집 밖 수도권 대기오염의 주범은 단연 자동차 배기통에서 나오는 배기가스다. 종류도 알 수 없는 중금속 물질들이 배기통을 빠져나와 공기 가운데 떠다니는 먼지를 만나 사람 코와 입을 통해 몸속으로 들어간다. 물보다 다섯 배 무거운 중금속(납·비소·수은·카드뮴·알루미늄·니켈 등)은 이런 과정을 통해 우리 몸속으로 들어간다.

중금속은 '안정적인 물질'이라고 불린다. 여기에서 '안정적'이라는 말은 좋은 뜻이 아니라 무서운 의미다. 안정적 물질이 호흡기를 타고 몸속으로 들어가면, 위액으로도 소화하지 못하고 변하지도 않고, 녹지도 않은 채 몸 구석구석에 자리 잡는다. 결국 폐나 간, 그리고 각 기관에 들러붙어서 5년이고 10년이고 머물면서 암 또는 각종 질병을 일으키는 원인이 된다. 또 자동차 타이어와 아스팔트 마찰 때문에 생긴 타이어 가루도 호흡기를 타고 몸속으로 들어가 사람들을 괴롭힌다. 비 오는 날 수도권 도로를 자세히 들여다보면, 덕지덕지 엉겨 있는 새까만 중금속

물질들을 쉽게 볼 수 있다. 그 물질들이 햇빛에 말라 먼지가 되어 바람을 타고, 거리를 활보하는 사람들 폐 속으로 침투한다.

가난한 시절 연탄 탈 때 발생하는 일산화탄소를 맡고 많은 사람이 죽었다. 이러한 독성 물질인 일산화탄소·탄화수소·질소산화합물·납들이 이제는 자동차 배기통을 타고 나온다. 자동차 배기통을 차 안으로 연결해 자살하는 사람만 봐도 휘발유가 탈 때 발생하는 물질이 얼마나 유독한지 알 수 있다. 수도권에서는 1천만 대도 넘는 차량들이 중금속을 포함한 독성 화학물질을 거리로 뱉어낸다.

그뿐인가? 공장에서 내뿜는 매연, 비닐이나 스티로폼을 태울 때 발생하는 유독가스와 다이옥신들이 수도권 하늘을 메우며 스모그현상을 일으킨다. 서울의 대기 미세먼지 농도는 경제협력개발기구 국가 가운데 최악이다. 엎친 데 덮친 격으로 중국 고비사막에서 불어오는 잦은 황사는 수도권 사람들의 목을 조른다.

한강변이나 분당 율동공원을 산책하다 보면 기이한 복장을 한 사람들을 쉽게 만난다. 자외선을 막기 위해 검은색 챙이 달린 모자를 쓰고, 오염된 공기를 걸러내기 위해 얼굴에 스타워즈에 나오는 외계인처럼 마스크를 쓰고 다니는 아주머니들을 볼 때마다 내가 외계 우주에 와 있는 듯한 착각이 든다. 진짜 마스크를 써야 하는 사람들은 자동차 휘발유 넣을 때 아지랑이처럼 피어오르는 휘발성 유기화합물질 사이로 롤러스케이트를 타고 다니면서 주유하는 아르바이트 학생들이다. 도로변보다 농도가

8배 높은 주유소의 휘발성 유기화합물질은 직접적인 발암물질이기에 그 어떤 공기오염물질보다 위험하다.

황사현상과 스모그가 가득한 한강을 자외선을 가리기 위한 모자와 선글라스, 마스크를 쓰고 산책하는 도시 사람들의 모습이 마치 외계인 같다.

한 사람이라도 더 도시에서 탈출해 시골에서 살아도 환경이 지켜질까 말까 하는 판국에 수도권 집중현상은 갈수록 심해진다. 땅값 뛴다고, 돈 벌어보겠다고, 자식들 교육시키겠다고 갖가지 이유로 수도권으로 몰려든다.

독일은 인구가 8천만 명이나 되지만 수도권 집중현상이 없다. 독일 수도인 베를린도 인구가 3백만 명이 안 되고, 뮌헨·프라이부르크·프랑크푸르트 같은 도시도 2백만 명이 넘지 않는다. 전국 곳곳에 소도시가 잘 발달해서 거대 도시가 없다. 국가가 균형을 유지하면서 발전할 수 있다. 우리도 자연환경을 잘 지키기 위해 수도권 집중현상을 하루빨리 해결해야 한다.

수도권에서 거의 모든 오염물질을 배출한다. 지구 전체를 보아도 지구 표면의 2퍼센트밖에 안 되는 도시 지역이 이산화탄소를 가장 많이 배출하는 온난화의 주범이다. 우리뿐 아니라 중국이나 인도, 아프리카에도 도시로 몰려드는 인구가 빠르게 늘어난다. 지구가 건강해지려면 도시로 몰려드는 사람보다 시골로 내려가는 사람이 많아야 한다.

3

물

물의 슬픈 노래悲歌
물 내리지 마!
세계는 물 전쟁 중
성스러운 물
물은 우리의 미래
4대 강

물의 슬픈 노래 悲歌

　고향집은 꿈동산에 꾸며놓은 집 같았다. 초가집 마당에는 닭들이 노닐고, 부엌에 딸려 있는 외양간에서는 소가 여물을 먹고, 집 뒤로는 아담한 동산이 있었다. 집 앞에는 수로가 흘렀는데, 집에 들어가려면 수로 위에 놓인 징검다리를 건너야 했다. 갈증이 나면, 무릎을 꿇고 징검다리 위에 손을 짚은 다음 흐르는 냇가에 입을 대고 한 모금 쭉 들이키면 그만이었다.

　내 어린 시절, 대동강 물 팔아먹은 '봉이 김선달' 이야기는 이해할 수도 없었을 뿐더러 믿어지지도 않았다. 그런 내가 불과 30년이 지난 지금, 설악산을 오르면서 '아이고! 저 아까운 맑은 물이 동해 바다로 그냥 흘러들어 가네! 강바닥 자갈돌이 투명하게 들여다보이는 저 맑은 물 그대로 플라스틱 병에 담아 팔아도 큰돈 벌 텐데!' 하며 머리를 굴린다.

　우리나라 어딜 가나 강 꼭대기는 아직도 그냥 마셔도 될 만큼 맑고 깨끗한 물이 흐른다. 강 상류 맑은 물이 축산 폐수를 배출하는 농가를 지나고 사람이 쏟아내는 대소변, 음식 찌꺼기 국물, 합성세제를 배출하는 여러 도시를 지나면서 팔당 댐에 도

착한다. 상수도 관리국은 팔당 댐에서 오염될 대로 오염된 물을 모아 온갖 오염물질을 제거한 다음 상수도관을 통해 아파트와 개인 주택으로 내보낸다. 우리나라 정수 처리 실력은 세계 최고다.

수도꼭지를 통해서 나오는 수돗물 1리터나 생수병에 담겨 있는 생수 1리터나 깨끗하기는 마찬가지인데 페트병에 담긴 생수 1리터는 아무 불평 없이 1,000원 주고 사서 마시면서 생수 1리터의 천 배에 이르는 수돗물 1톤 가격은 700원인데도 비싸다고 투덜거리고 물값 내리라고 데모한다. 우리는 1톤에 700원만 받고 파는 수돗물로 밥도 짓고 빨래도 하고 목욕도 한다. 하지만 더러운 강물 느낌 때문인지 국민 97퍼센트가 수돗물을 직접 마시지 않는다. 사실 생수나 약수터에서 떠다 먹는 물보다 더 깨끗한 물은 수돗물이다.

여러 도시 수도 관리국과 서울대학에서 해마다 수질검사를 하는데 대장균이 가장 많이 나오는 물은 지하수다. 그다음이 정수기 물이고, 대장균이 가장 적은 물은 수돗물이다. 지하수에 대장균이 많은 이유는 짐승 분비물이나 땅속으로 스며드는 오염물질들이 많기 때문이다. 정수기에 대장균이 많은 이유는 제때에 필터 청소나 용기 내부를 깨끗하게 청소하지 않기에 대장균이 끝도 없이 증식하기 때문이다.

대장균이 가장 적게 검출되는 수돗물의 유통 과정을 보자!

흐르는 강물 한가운데 물 저장고를 마련한다. 강물 속 10미터 깊이에 모인 맑은 물이 정수장으로 간다. 정수장에서 망간 같은 중금속을 제거한다. 중금속을 제거한 물이 모래 여과기를 거치고 백탄을 지나면 거의 완벽하게 깨끗한 물로 변신한다. 이렇게 정수장에서 깨끗하게 처리하고 난 뒤 각 지역 높은 산에 자리 잡은 배수지로 보낸다. 배수지에서는 대장균이나 바이러스를 없애기 위해 각 가정에 보내기 전 염소 0.05ppm가량을 집어넣는다. 이 염소가 나머지 대장균을 모조리 죽인다.

수돗물이 깨끗하다는 지표로 삼는 것이 대장균 수인데 그러면 대장균은 무엇일까? 사람이 뒷간에 가서 대변을 한 번 볼 때 4조 6천만 마리의 대장균이 나온다. 만일 화장실에 가서 대변을 보고 손을 씻지 않고 나온다면, 사람이 아니라 대장균 덩어리가 나온다고 보면 된다. 다시 말해 대장균이 많이 검출되는 물을 똥물이라 불러도 되는데 약수, 정수기 물, 수돗물 가운데 대장균이 가장 적게 나오는 물이 수돗물이다. 소독약 냄새가 나는 수돗물은 믿고 마셔도 된다는 표징이다. 그런데도 불신이 가득한 한국 사람들은 아직도 수돗물을 믿지 못한다.

수돗물 틀 때 나는 소독약 냄새가 싫으면 숨 쉬는 항아리에 24시간 수돗물을 받아놓았다가 상등수만 떠서 냉장고에 넣어 물 온도 4도로 만들어 마시면 최고로 맛있고 깨끗한 물을 마실 수 있다. 내 환경 강의를 듣고 5년 동안 항아리에 물을 받아 마시는 분이 어느 강연장을 찾아와 자기는 세상에서 가장 맛있는 물을 먹는 사람이라며 내 손을 꼭 잡고 감사의 표시를 했다.

「본초강목」은 정화수·한천수·국화수처럼 물의 종류를 33가지로 설명한다. 현대 과학자들도 물은 32가지 물질이 녹아 있는 보약이라고 주장한다. 일본의 에모토 마사루는 물에게 '고맙습니다!' 하는 말을 해주고 그 결정체를 사진으로 찍으면 아름다운 물 모양을 볼 수 있고, '나쁜 놈!'이라고 욕을 해대면 물 결정체가 징그럽게 일그러진다고 주장했다. 조금 과장해서 말하면 물에도 혼魂이 있다는 주장이다.

그런 주장이 아니더라도 우리 조상님들만 봐도 병든 사람을 위해서는 맑고 깨끗한 물로 탕약을 끓였고, 서방님이 과거시험을 보러 가면 깨끗한 찬물을 장독대에 떠놓고 소원을 빌었다. 그만큼 물을 거룩하게 여기고 아꼈다.

그런데 현대인들은 물을 어떻게 다루는가?

기준치 다섯 배가 넘는 합성세제를 세탁기에 넣는다. 주부들이 세탁기의 문을 닫으면, 세탁기는 안에서 벌어지는 독한 화학 처리를 전혀 눈치채지 못하도록 조용하고도 은밀하게 일한다. 세탁기 만드는 기술자들은 더럽고 추악한 일을 하는 세탁기 겉모습을 번드르르하게 만들어 놓아 세탁기 안에서 벌어지는 엄청난 일을 사람들이 모르게 했다. 사람들은 화학세제로 깨끗한 물을 독하게 오염시킨 뒤 약 210리터(30평 아파트 욕조통 세 개 분량)나 되는 물을 아무런 죄의식 없이 냇가에 내버린다.

1991년 대구 공장지역 하수구를 통해 흘러나가 사람들을 두려움에 떨게 했던 페놀이 합성세제에서도 나온다. 이렇게 독한 화학세제는 온갖 더러운 때와 계면활성제가 발생한 독한 물질과 함께 냇물로 나간다. 아줌마들은 세탁기에서 하수구를 통해 냇물로 나가는 물 색깔이 어떤지, 하얀 거품을 띤 물이 냇물로 들어가서 물고기를 어떻게 죽이는지 전혀 모른다. 합성세제뿐 아니라 내분비계 교란물질을 만들어 내는 부엌 세제, 샴푸, 각종 세정제를 써서 가족의 건강과 함께 냇물을 망가뜨린다. 맑아야 할 냇물에 거품이 일고 색깔이 거무죽죽하게 바뀌는 이유는 가정에서 쓰다 버린 더러운 물 때문이다. 가정에서 하수구를 통해 버리는 각종 음식 국물, 개수대와 세탁실에 잔뜩 쌓여 있는 세제들은 냇물을 죽이고, 강을 죽이고, 바다를 죽인다.

도시에 사는 사람들이 아무리 예쁜 마음을 가지고 멋지고 아름답게 꾸며 입어도, 합성세제로 빨래를 하고 음식 찌꺼기를 하수구로 버리면 자연을 파괴하는 방조자며 공범자다. 나 또한 예외일 수 없다. 우리 모두는 자연에게 미안해하고 자연과 함께 아파해야 할 책임이 있다. 여름날 바다 양식장의 물고기를 떼죽음으로 몰아가는 적조현상은 합성세제를 지나치게 쓰기 때문이기도 하다. 아무 생각 없이 하수구에 버리는 합성세제가 결국 바다까지 죽이고, 어민들을 시름으로 몰아넣는다.

물을 바라보는 우리의 생각을 바꾸자! 하늘에서 비가 올 때 '어, 비 오네!'가 아니라 '비님이 내리시네!' 하고 말하자. 조선시대만 하더라도 '비님 오시네!' 했지, 요즘 현대인들처럼 '비 오네!' 하고 건방지게 말하지 않았다.

고대 역사를 보면, 물을 지키기 위해 여러 신화가 생겨났다.
이집트 창조 신화에도 성경의 창세기처럼 물이 창조의 원천이라 했고 빛이 있기 전에 이미 물이 있었다고 믿었다. 이 '원시 물'을 '눈Nun'이라고 불렀다. 강 길이가 무려 6천5백 킬로미터가 넘는 나일 강이 없었다면 사하라 사막 한가운데에서 이집트 문명은 탄생할 수 없었을 것이다. 이집트 사람들은 강·시내·우물·호수에 신령한 기운이 깃들어 있다고 믿고 물을 신성시했다.

메소포타미아 문명이 일어난 지역인 '수메르'의 '메르'에서 바다를 뜻하는 '마르mar'가 나왔고, 프랑스, 인디언, 북유럽 사람 등 사람이 사는 곳이면 어디든 신성한 물 이야기가 전해진다.

선녀와 나무꾼도 물에서 만났고, 산신령은 물속에 빠져 잃어버린 도끼를 찾는 과정에서 사람의 양심을 들춰내고 싶어했다. 예수님과 제자들의 첫 만남 장소도 갈릴래아 호수다.

과학이 발달하면서 물의 거룩함이 사라졌다. 물을 물질로만 보고, 기술로 깨끗하게 만들면 그만이라는 생각을 하기 시작했다. 인간은 물 없이는 단 하루도 살 수 없는 존재인데도 물을 사랑하지도 않고, 물에게 고마워하지도 않는다. 우리 몸의 70퍼센트는 물이라는 사실을 까맣게 잊고 사는 듯하다.

나는 지구별에서 인간들이 편안하게 살 수 있도록 완벽한 환경을 섭리해 놓으신 하느님께 불만이 많다. 사람들이 물을 황금같이 여길 수 있도록 비를 100밀리미터 내려주실 때마다 천억 원씩 받았으면 좋겠다. 인간들이 아무 대가도 없이 공짜로 물을 받다 보니 고마워하는 마음이 무뎌졌다. 우리는 비님이 오실 때마다 하느님께 감사와 찬양을 드려야 한다.

하느님! 비를 공짜로 내려주셔서 감사합니다.

농사를 지을 수 있게 해주셔서 감사합니다.
밥을 지어 먹을 수 있게 해주셔서 감사합니다.
물을 마실 수 있게 해주셔서 감사합니다.
목욕을 할 수 있게 해주셔서 감사합니다.
헤엄을 칠 수 있게 해주셔서 감사합니다.
오로지 감사, 감사, 감사드릴 뿐이옵니다.

사람들은 얼마나 큰 은총 속에서 살아가고 있는가?

물 내리지 마!

사제관에 동창 신부들이 자주 놀러 온다. 맥주 한잔 놓고 밤 늦게까지 두런두런 이야기하다 보면 꼭 가는 데가 있다. 화장실이다. 나는 먼저 들어가는 신부 뒤통수에 대고 소리 지른다.

"물 내리지 마!"

물을 조금이라도 아끼기 위해 소변을 모아서 한꺼번에 물을 내리고 싶은 마음 때문이다.

아프리카에서는 물 한 통을 얻기 위해 30킬로미터가 넘는 거리를 오가야 한다. 30년째 가뭄에 시달리는 동부 아프리카 소말리아 아이들은 목이 마르면 자기 오줌을 받아 마신다. 우리나라에서는 이 귀한 물을 소중히 여기는 문화를 어디에서도 찾아볼 수 없다.

독일은 모든 가정 변기에 물 내림 장치가 두 개 있다. 하나는 대변 볼 때, 또 하나는 소변 볼 때 쓴다. 한국 유학생들이 독일에서 방을 얻어 살다 물을 헤프게 쓴다고 쫓겨났다는 이야기를 심심찮게 듣는다. 독일은 물 절약 습관이 몸에 밴 나라다. 독일 사람들은 1인당 하루 물 사용량이 146리터인데 우리는 264

리터다. 아프리카 사람들은 하루에 10리터밖에 되지 않는 물로 생활한다. 우리나라도 변기에 물 내리는 손잡이를 두 개 설치하자는 운동을 한동안 펼쳤지만 흐지부지되었다. 참으로 많은 양의 물을 화장실에서 낭비한다.

다른 물자는 부족해도 물 하나만은 넉넉하게 쓸 수 있었던 우리 조상들이 사람들의 심한 낭비벽을 일컬어 '물 쓰듯 쓴다.'고 했듯이, 이제는 귀하게 된 물을 아직도 물 쓰듯 쓰는 습관을 버리지 못한다.

좌변기 물을 내리면 보통 8리터에서 10리터가량의 물이 쓰인다. 큰 것을 볼 때는 물을 다 내려야 하지만, 작은 일을 볼 때도 그 아까운 물을 그냥 내린다. 양이 많은 경우도 있지만 아주 조금인 경우에도 똑같이 생수 1리터짜리 열 개를 쓰는 셈이다.

보통 건강한 사람이라면 화장실을 하루에 평균 일곱 번 정도 간다. 하루에 약 70리터의 귀중한 물을 내버리는 꼴이다. 한 집안에 네 식구가 산다면, 뒤처리 물로만 하루에 300리터를 쓴다. 수세식 화장실을 이용하는 현대인들은 하루에 욕조 네 통을 변기 내리는 물로 쓴다.

세탁과 화장실에서만 쓰는 물이 욕조 여섯 개 분량이다. 세수, 샤워, 설거지하는 물을 다 합치면 네 식구가 하루에 욕조 열여섯 통을 쓴다는 통계는 그리 황당한 주장이 아니다. 여기에 상수도관에서 누수되는 수돗물까지 합치면 버려지는 물의 양은 상상을 초월한다. '단수 조치되니 물을 미리 받아놓아라!'는 예고가 있으면 욕조에 물을 받아놓는다. 모두 경험했겠지만 하루 동안 단수가 되더라도 물을 아껴 쓰면 욕조에 받아놓은 물이 남는다.

환경 강의를 할 때면 성당 교우들에게 숙제를 내준다. "대변은 어쩔 수 없지만 소변 볼 때는 할 수 있는 한 집안 식구끼리 시간을 맞추세요! 아침 여덟 시, 저녁 일곱 시, 그리고 밤 열 시, 이렇게 조금 참았다가 한 번에 같이 시간 맞춰 일을 보면 많은 양의 물을 아낄 수 있습니다." 이 글을 읽는 분들 가운데 냄새 나고 더럽다고 얼굴을 찡그릴 사람도 있을 것이다. 그러나 물 문제의 심각성을 안다면 오줌 냄새 조금 나는 정도는 아무 일도 아니다. 아프리카에서는 구정물로 보이는 물을 마신다.

인도 소녀가 마을 한가운데 있는 우물가로 물을 뜨러 가고 있다.

독일과 일본은 씻고 남은 물, 세수하고 남은 물을 모았다가 소변을 본 후 변기에 쏟아부어 물을 아낀다. 심지어 일본에는 공공장소의 소변기 위쪽에 손을 씻는 수도꼭지가 있고, 손 씻은 물로 소변기를 청소하는 곳이 많다 하니 일본 사람들 물 절약 정신은 알아주어야 한다.

샤워하고 난 물을 욕조에 담아두었다가 소변 볼 때마다 세숫대야로 한 번씩 퍼서 변기에 붓기만 해도 엄청난 양의 물을 아낄 수 있다. 나는 변기에 물 내리는 데 쓰려고 모아둔 사제관 목욕통 물을 아무 생각 없이 버리는 아주머니에게 절약 정신이 부족하다고 잔소리를 한다.

밥할 때 쓰는 수돗물이나 변기에 쓰는 수돗물이나 똑같이 귀중하게 고도로 정수처리를 한 물이다. 믿기 어려운 이야기지만 변기에 쓰는 물만 아껴도 동강 댐만 한 댐 다섯 개 정도는 세우지 않아도 되고, 4대 강을 파헤치지 않아도 된다.

세계는 물 전쟁 중

　물 확보를 위한 전쟁은 인류 역사 시작부터 끊임없이 이어져 왔다. 우리나라도 봄철에 모를 내기 위해 더 많은 물줄기를 확보하려고 위아래 논 주인들이 서로 다투다 살인까지 저지른 조상들의 이야기가 있다.

　구약시대에도 아브라함과 조카 롯의 종들이 물 때문에 싸움이 잦아지자 물을 찾아 서로 헤어지는데 롯은 불행하게도 멸망의 땅 소돔을 택한다. 현재 지구촌도 온난화의 영향 때문에 가뭄에 시달리는 내륙지방이 점점 늘어나면서 지역 사이에 갈등이 잦아지고 있다. 더욱이 지구촌에 사는 사람들 60퍼센트가 두 나라에 걸쳐 흐르는 강에서 물을 퍼서 쓰기 때문에 상류지역에 있는 나라와 하류지역에 있는 나라가 물을 확보하기 위해 끊임없이 싸운다.

　'라이벌'은 라틴어 'Rivalis(같은 강물을 사용한다)'에서 유래한 말이다. 같은 강물을 쓰는 사람들은 경쟁자일 수밖에 없다는 이야기다. 물 분쟁이 일어나는 세계 상황을 들여다보자.

　시리아와 터키, 이라크가 2천 킬로미터나 되는 티그리스 강

물을 놓고 싸운다. 3천 킬로미터 길이의 인더스 강은 파키스탄과 인도에 걸쳐 흐르는데, 이 물 확보를 위해 카슈미르 싸움이 일어났고 세 차례나 전쟁을 치렀으며 지금도 원수처럼 마주하고 있다. 세계에서 가장 긴 나일 강은 열 개 나라에 걸쳐 흐르는데, 이집트와 에티오피아는 6천7백 킬로미터나 되는 이 강을 놓고 굶어 죽느니 물 확보를 위해 전쟁을 택하겠다고 서로 으르렁거리며 대립각을 세우고 있다. 또한 나일 강 하류에 자리 잡은 이집트는 상류에 위치한 수단과 우간다를 상대로 댐 건설 치수권을 놓고 신경전을 벌였다. 서쪽 세네갈은 수도 다카르에 물을 대기 위해 모리타니와 국경을 이루는 세네갈 강에 운하를 건설하려다 양국 관계가 급속히 악화되자 결국 이를 포기했다.

알프스가 발원지인 라인 강은 스위스와 프랑스, 독일 그리고 네덜란드를 흐른다. 온난화 때문에 알프스 만년설이 녹아 없어지면 라인 강 수량이 줄어들 것이고, 그러면 이 네 나라는 부족한 물을 놓고 '라이벌' 관계가 될 것이다. 히말라야가 발원지인 메콩 강도 4천5백 킬로미터가 넘는 길이로 중국·라오스·태국·캄보디아를 흐르고 베트남을 통해 남중국해로 흘러나가는데, 만년설이 녹아 없어지면 이 지역에도 또다시 피의 역사가 펼쳐질 것이다.

이스라엘과 시리아는 1951년부터 1953년, 1964년부터 1966년에 걸쳐 요르단 강 물줄기를 바꾸려는 계획 때문에 전쟁을 했다. 요르단 강을 둘러싼 이스라엘·요르단·레바논·시리아 간 물 싸움은 몇천 년에 걸쳐 끊임없이 일어났다.

이스라엘은 요르단 강물을 이용해서 농사를 짓는데 어찌나 물 활용을 잘 하는지 하류에는 거의 강물이 흐르지 않는다. 요르단 강 주변은 잘 정돈되고 풍요로운 농경지가 펼쳐져 있다.

월드워치 연구소에서 펴낸 「지구환경보고서 2005년」의 내용을 보면 흥미진진하다.

'이스라엘은 요르단 강 서안 땅에 자리 잡은 아랍인들이 경작을 위해 우물을 파는 행위를 제한하고 있는 반면, 이스라엘 국민에게는 지속적으로 더욱 깊이 우물을 팔 수 있도록 허용하고 있다. 그래서 때로는 지하수위가 팔레스타인 사람들이 만든 우물 바닥보다 더 낮은 경우도 있다.'

아랍인들은 하루에 100리터도 안 되는 물을 쓰는데, 이스라엘 사람들은 하루에 300리터나 쓴다. 아랍인들의 분노가 폭발하는 중요한 이유 가운데 하나다. 이스라엘과 가자 지구의 팔레스타인 사람들 사이에 갈등이 생길 때 아랍 사람들에게 총보다 더 무서운 것은 그들에게 물과 식량 공급을 중단하겠다는 이스라엘의 위협이다.

동유럽 도시와 농촌 지역을 지나며 2천8백 킬로미터를 흐르는 다뉴브 강은 무려 17개 나라에 걸쳐 흐르고, 그 밖에도 미국과 멕시코는 3천 킬로미터가 넘는 리오그란데 강을 가지고 맞서고(라이벌) 있으며, 아프가니스탄과 이란은 헬만드 강을 놓고 맞서고(라이벌) 있다.

중국은 6천3백 킬로미터나 되는 양쯔 강이 140년 만에 최저 수위를 보였고, 5천4백 킬로미터에 이르는 황허 강은 물 부족을 해결하기 위해 히말라야 만년설을 끌어오는 대수로大水路 공사를 계획할 정도로 심각한 물 부족을 겪고 있다. 우리나라도 홍수철만 되면 북한과 남한을 흐르는 임진강 때문에 종종 갈등을 겪는다.

노자老子는 다툼이 없는 물의 성질을 빌려 도道에 대해 이야기하기를 즐겼는데, 현대 세계에서 물은 다툼의 한가운데에 자리잡았다. 세계 곳곳에서 물 부족 때문에 고통을 겪고 있으면서도 사람들은 물의 소중한 가치를 제대로 이해하지 못한다.

코카콜라 1리터를 만들 때 그 지역의 깨끗한 물 1.5리터를 사용하는데도 대부분 아프리카 사람들은 유통 과정을 모른 채 천 원밖에 안 되는 하루 일당을 천 원이나 하는 콜라 사 먹는 데 모두 써버린다. 그러잖아도 모자라는 아프리카 지역의 생명수인 물을 퍼서 건강에 좋지 않은 콜라를 만들며 물을 낭비하는데도 아프리카 사람들은 '너무 좋다.'는 표현을 '판타스틱fantastic'

대신 맛있는 콜라의 앞 글자를 따서 '코카스틱cocastic'이라는 말로 나타내기까지 한다. 아프리카에 있는 미국 코카콜라 공장들은 경제적 착취뿐 아니라 지역 주민의 물까지도 빼앗고 있다.

인도에서도 코카콜라 공장과 지역 농민이 물 확보를 위해 서로 투쟁을 벌인다. 이제 세상은 석유 전쟁보다 물 확보를 위한 전쟁이 더 불길처럼 타오르는 시대를 맞을 것이다.

성스러운 물

　인간이 자연에 있는 물을 수도관에 넣어 팔면서부터 물에 대한 존경과 추억이 사라졌다. 도시 사람들은 수도꼭지 하나만 틀면 더운물이든 찬물이든 콸콸 쏟아져 나오기에 애써서 물 뜨러 갈 필요가 없다. 목욕·설거지·세탁으로 더러워진 물은 하수도를 통해 집 밖으로 나가기 때문에 더러워진 물이 어디로 가는지 눈으로 확인할 길이 없다. 도시 사람들은 물이 어디서 와서 어디로 가는지 관심도 없고 알지도 못한다.

　물을 얻기 위해 물동이를 머리에 이고 우물가로 나가던 시절에는 물을 귀하게 여겼다. 어느 동네를 가든 마을 한가운데에는 우물이 있었다. 동네 사람들은 함께 먹는 우물 주위에 돌을 쌓아 깨끗이 관리했다. 동네 우물은 단순히 물만 뜨는 장소가 아니라, 여인네들이 모여 삶의 시름을 풀어놓고 도란거리며 더러워진 옷을 빨면서 마음속 찌꺼기까지 함께 씻어내던 치유의 장소였다. 우물은 이웃의 즐거운 소식, 슬픈 소식을 주고받는 정보 교환의 장소이기도 했다. 물은 우리 삶 한가운데 자리 잡고 어느 한 구석이라도 관여하지 않는 곳이 없다. 몸의 70퍼센트가 물로 이루어진 인간은 물 덕분에 살아가는 존재다.

아시시의 프란치스코 성인은 '우리 자매인 물의 유용함과 소중함을 주신 하느님께 찬미 드리나이다.' 하며 노래 불렀다. 지구는 물의 조화가 극치에 이른 별이다.

지구에 사는 인간뿐 아니라 나무·짐승·새·물고기도 물 없이는 살 수 없다. 아프리카의 잠비아와 짐바브웨 국경의 빅토리아 폭포, 미국과 캐나다 국경에 위치한 나이아가라 폭포, 아르헨티나와 브라질 국경으로 떨어지는 이과수 폭포를 떠올리면, 물은 단순히 생명을 살리는 역할뿐 아니라 지구를 멋들어지게 꾸며주는 역할까지 수행한다.

유다인들이 몇천 년 동안 지켜왔고 앞으로도 지키고 싶어하는 약속의 땅 가나안을 젖과 꿀이 흐르는 땅이라고 말한 이유도 갈릴래아 호수에서 흘러나오는 요르단 강 때문이다. 결코 넓지 않은 강이지만 흙먼지만 날리는 사막을 가로지르며 끊임없이 물을 대주어 농사지을 수 있도록 도와주기에 요르단 강은 이스라엘인들의 젖줄이다. '우유를 제공해 주는 소를 잡아먹는 짓은 젖을 주는 어머니를 잡아먹는 행동과 같다.' 하여 소고기를 절대 먹지 않는 인도인들과 마찬가지로, 유다인에게 요르단 강은 젖과 꿀이 흐르는 거룩한 강이다.

구약시대를 보면, 하느님께서 물을 통해 축복을 내리는 경우가 많았다. 야곱이 아내를 맞이한 곳도 우물가고, 모세가 동족을 죽이고 이집트에서 미디안으로 달아나 몸을 의지할 아내를 만나는 장소도 우물가였다. 아브라함의 아들 이사악을 결혼시키기 위해 먼 길을 떠난 종이 물을 후하게 대접한 레베카와 만났던 곳도 우물가다. 이방인 장군 나아만도 요르단 강에서 몸을 씻어 나병이 나았다. 이렇게 물은 갈증을 풀어주고 아픈 사람을 낫게 하며 만남을 이루어 주는 역할을 한다.

하느님은 이스라엘을 사랑하는 징표로 물을 이용하시기도 했다. 이집트를 탈출해 사막에서 목마름에 시달리는 유다인을 위해 모세가 마라에서 쓴물을 단물로 만든 기적이 있었고, 바위에서 물이 터져 나오도록 해서 목마름에 시달리는 유다인들의 목을 축여주기도 했다.

신약시대에 오면 예수님과 물의 인연은 더 특별하다. 예수님은 요르단 강물에서 세례를 받으면서 물을 거룩하게 하셨고, 당신 구원 사명을 완수하는 데 결정적 역할을 하는 제자들과의 만남도 물가에서 일어난다.

이스라엘인들이 풍요의 상징으로 생각하는 갈릴래아 호수를 중심으로 하여 예수님은 많은 기적을 베푸신다. 물 위를 걸으신 기적, 풍랑을 잠재우신 기적, 고기를 많이 잡게 하신 기적, 5천 명을 먹이신 기적이 호수를 중심으로 일어난다. 예수님은 갈릴래아 호수를 내려다보시면서 마음이 가난한 사람, 마음이 깨끗한 사람, 마음이 온유한 사람들은 행복하다고 선포하셨다.

예수님은 당시 상황으로는 절대 서로 만나서는 안 되는 이방인 사마리아 여인과 우물가에서 만나 민족과 종교, 남녀 간의 벽을 허무신다. 성경에서 물가는 만남의 장소요, 사람과 사람 사이의 벽을 허무는 화해의 장소였다.

세종대왕은 새 글 만들기에 지친 집현전 학자들을 데리고 온양 온천에 들러 몸의 피로를 풀어주고 마음의 평화를 갖게 하여 그 힘으로 세계가 깜짝 놀랄 한글을 지어냈다.

가난과 병에 찌들려 사는 인도 사람들의 가장 간절한 소망은 히말라야에서부터 흐르는 갠지스 강에 더러워진 몸과 마음을 씻고 삶의 고달픔을 달래며, 죽어서도 갠지스 강변에서 몸을 태워 그 재가 거룩한 강에 뿌려지는 것이라 한다.

물은 모든 민족에게 위로요 생명이다.

물은 인간과 동식물의 삶을 지탱해 줄 뿐 아니라 운송 수단이 되고, 더러운 것들을 깨끗이 씻어주며 지혜와 영감의 샘이 되

새벽부터 일어나 히말라야에서부터 흐르는 갠지스 강에
몸을 씻으며 정신을 수련하는 인도인들.

기도 한다. 물 없는 지구는 끈 떨어진 연이다. 물은 살아 있는 생명체에게 많은 영향을 줄 뿐 아니라, 돌이나 나무로 만든 엄청 큰 건축물에도 생기를 불어넣는다.

이름난 건축물을 보면 어디나 한가운데 물이 있다. 이탈리아 몬테카시노 베네딕토 수도원은 쳐다보기에도 아찔할 정도로 높은 산꼭대기에 지은 대리석 건물이다. 산꼭대기라 샘물 하나 없어 보이는 수도원 한가운데 분수가 아름답게 솟구친다. 딱딱한 느낌의 대리석 건물이지만 물 하나 때문에 생동감이 넘쳐흐른다. 삼엄한 경비로 황량하기까지 한 이스라엘의 텔아비브 공항이 그래도 기억에 남는 이유는 공항 라운지 한가운데 폭포가 설치되어 있기 때문이다. 유럽 어디를 가나 마을 광장 한가운데는 분수가 만들어져 있다.

사람들이 쉬는 장소에는 반드시 물이 있다. 창덕궁 부용정 연못에 비친 가을 단풍을 보노라면 황홀경에 빠진다. 청계천이 여러 가지 부정적 요소를 갖고 있음에도 서울 사람들에게 사랑받는 이유는 물이 주는 평화 때문이리라! 만일 당신이 건물을 짓거나 집을 짓는다면 건축물 한가운데 물이 흐르게 하라! 당신은 어느새 물처럼 다툼이 없는 고요함을 누릴 것이다.

왕이 사랑하는 아내를 기리기 위해 만든 무덤 타지마할은 그 자체도 아름답지만, 우리에게 더 애잔하고 신비롭게 다가오는 이유는 연못에 비치는 무덤의 모습 때문이다. 물에 비친 무덤은 신비를 머금은 채 왕비를 향한 왕의 잔잔하고 깊은 사랑을 드러내 준다.

타지마할 무덤 앞 호수에 비친 타지마할은 옥빛의 신비경을 연출한다.

　로마 바티칸의 성 베드로 대성전 광장 한가운데도 분수가 있고 세계 7대 불가사의 중 하나인 캄보디아 앙코르와트 사원 또한 물로 둘러싸여 있다. 이렇게 물은 건축물에 생기를 주고 돋보이게 해준다. 또한 물은 사람들이 깊은 정신세계로 빠져들 수 있도록 도와주는데, 신선들이 긴 지팡이를 짚고 폭포 옆에서 명상에 잠겨 있는 모습을 봐도 물과 정신세계는 떼려야 뗄 수 없는 관계임을 알 수 있다.

　이처럼 신성했던 물이 상수도와 하수도관을 거치면서 불쾌하고 부정적인 존재로 떨어지고 말았다. 농약으로 오염된 지하수와 공장 하수구를 통해 쏟아져 나오는 물에서는 악취가 나고,

색깔은 거무튀튀하다. 불결하기 그지없다. 도심 어디를 가도 맑은 물이 흐르는 개울을 볼 수 없다. 우물가의 소중함, 물의 깨끗함, 맑은 냇물을 잃어버린 사람들은 물의 소중함을 잊어버렸다. 맑고 투명해서 거룩하기까지 한 물이 사라지는 순간 현대인들의 찌든 생활을 비쳐줄 거울도 사라져 버렸다.

맑은 물을 보면서 자신의 더러워진 삶을 비추어 내고, 맑고 깨끗한 물을 마시면서 몸뿐 아니라 정신까지 깨끗하게 만들 수 있는 시대로 되돌아갈 때 사람들은 아름다움이 솟아나는 본심本心으로 돌아갈 수 있다.

물은 우리의 미래

남아프리카공화국의 수도 요하네스버그 공항에서 눈에 확 띄는 광고판 글귀를 보았다.

'Water is our future(물은 우리의 미래)'

'What did you do with our water today(당신은 오늘 우리의 물에게 무슨 짓을 했습니까)?'

물을 귀하게 여기지 않고 낭비하거나 오염시키는 사람들을 향한 절규다. 또 행복한 앞날을 바란다면 물을 아끼고 소중히 여기자는 외침이다. 아프리카 사람들에게 물의 의미는 다른 대륙 사람들과 완전히 다르다. 아프리카에는 30년간 물의 혜택을 받지 못한 땅이 매우 많다. 광고판을 읽는 순간 아프리카에서 가장 절실한 건 물이라는 생각을 했다.

지구촌에 사는 모든 생명은 물에서 탄생했다 해도 지나친 말이 아니다. 40억 년이 넘는 오랜 세월 동안 생명체들은 바다 속에서 진화를 거듭하면서 몇만 종의 생명체로 분화 발전하여 다양해졌다. 바다에서 진화한 생물들은 오존층이 완성되기 시작한 3억 9천만 년 전부터 육지로 올라온다. 양수가 가득 담긴 어머니의 자궁에서 태아가 자라듯 지구에 물이 있었기에 모든 생명체가 탄생할 수 있었다.

물이 홍수와 폭설로 찾아와 사람들을 괴롭힐 때도 있지만 그것은 일부 피해일 뿐이고, 물은 바다·강물·지하수 형태로 존재하면서 만물을 키워낸다.

물의 97퍼센트는 바닷물이다. 나머지 3퍼센트 가운데 4분의 3은 만년설과 빙하 형태로 존재하고, 나머지 4분의 1은 사람이 쓸 수 있는 호수·연못·강물·구름·눈·우박·빗물 형태로 머물러 있다. 결국 사람들이 쓸 수 있는 물은 지구 전체 물 가운데 1퍼센트도 되지 않는 셈이다. 1퍼센트도 안 되는 물에 의지해서 70억 명과 땅 위를 뒤덮고 있는 모든 나무와 풀, 그리고 동물들이 살아간다. 그런데 우리가 쓸 수 있는 물 1퍼센트마저 지나친 낭비로 말라 없어지고 있다.

산업혁명 때문에 사회는 대량 생산과 소비의 구조로 바뀌었고, 편리함만 추구하는 인간 중심 세상이 되면서 물은 망가지고 말았다. 비근한 예로 200년 전 우리 조상들은 일 년에 두세 번 정도 목욕했다. 목욕할 때는 사람 몸 하나 겨우 들어가는 욕조에 물을 받아 씻었다. 대부분 서민들은 개울물에 가서 흐르는 물에 몸을 씻었다. 요즘 현대인들의 목욕 횟수는 200년 전 조상님들과는 비교할 수 없을 정도로 많다. 욕조는 점점 커지고 목욕탕이라는 물 소비탕이 탄생해서 물을 펑펑 쓴다. 물을 아끼고 존경하는 문화는 지난 200년 사이에 모두 사라졌다. 오히려 세계화 물결 속에서 물의 청정함을 자랑하던 나라마저도 경제

개발에 총력을 기울이면서 물을 낭비하고 오염시키고 있다. 만일 사람들이 조금만 더 물에 대한 존경심을 갖는다면 인류의 앞날은 훨씬 밝아질 것이다.

　우주에서 물은 흔하면서도 귀한 물질이다. 현대과학은 지구에만 있는 줄 알았던 물을 우주 곳곳에서 찾아내고 있다. 예를 들어 가까운 달이나 화성에도 물은 있다. 그러나 이들은 생명체를 키워내기에 적합한 조건을 갖추지 못했으며, 태양계 안에서 지구만이 물 덕분에 생물체가 살 수 있는 곳이다.
　또 똑같은 지구라도 물의 혜택을 누리는 나라는 몇몇 나라밖에 되지 않는다. 우리나라를 물 부족 국가라고 분류하지만 나는 그렇게 여기지 않는다. 아마존 정글이 있는 브라질, 남한 크기의 호수가 여럿 있는 미국이나 캐나다와 비교해도 우리는 물 부족 국가가 아니다. 오히려 산에 나무가 빼곡히 들어차 있기에 물에 대해서는 축복을 한껏 받고 있는 나라 가운데 하나다.
　국토 어딜 가도 나무를 찾아볼 수 없는 동아프리카와 아프가니스탄은 30년간 지속된 가뭄 탓에 수많은 사람이 굶주림과 목마름으로 죽어갔다. 로키 산맥과 엄청난 양의 암반수가 있는 미국 같은 나라는 물의 혜택을 누리지만, 중동이나 방글라데시, 인도 같은 지역은 물의 혜택을 누리지 못해 점점 말라비틀어져 가는 죽음의 땅으로 변하고 있다. 물이 없어 화장실이나 목욕시설 없이 사는 인구가 30억 명이나 되고, 이들은 하루에 겨우 2달러의 돈으로 생명을 이어간다. 전 세계 5세 이하 어린이들이

3.5초마다 오염된 물 때문에 죽는다. 아프리카나 서남아시아처
럼 가난한 나라 사람들의 질병 원인의 80퍼센트는 오염된 물 때
문이다. 한참 경제개발에 열을 올리고 있는 중국의 물 오염은
심각하다. 중국 수로의 70퍼센트가 오염되었고 지하수는 90퍼
센트 넘게 오염되어 식수로 사용할 수 없을 정도다.

　물이 없는 나라는 미래가 없는 나라다.

　요하네스버그 공항에 쓰인 'Water is our future(물은 우리의 미
래)'라는 구호는 아프리카 사람들에게, '서로 사랑하라.' 하신 예
수님 말씀에 버금가는 명령이며 사람과 사람 사이를 넘어 인간
과 자연이 서로 사랑해야 한다는 시대의 외침이다.

4대 강

　인류 4대 문명은 모두 강에서 탄생한다. 이집트 나일 강, 중국 황허 강, 인도 인더스 강, 메소포타미아(현재 이라크와 시리아 북부지역) 유프라테스 강, 티그리스 강에서 사람들은 강물에 의지해서 문명을 가꾸어 나갔다. 강이 없는 인류 문명이란 상상할 수 없다.

　우리 선조들도 한강·낙동강·금강·영산강에 의지해서 5천 년 한반도 역사를 일구어 왔다. 그런데 요즘 대한민국에서는 역사도, 생명도, 환경도 무시하고 4대 강을 파헤치고, 물 흐름을 막으려는 어처구니없는 일이 벌어지고 있다.

　5,000년 아니 몇천만 년도 넘는 세월을 흘러 지금 모습을 갖춘 4대 강인데 단 1년도 고민하지 않고 번갯불에 콩 구워먹듯이 정비 사업을 밀어붙였다. 대규모 토목 건설 사업은 반드시 연구·평가·토론·합의·실행이라는 과정을 밟아야 하는데 정치지도자와 몇몇 토목업자들이 주먹구구식으로 밀어붙여 2년 만에 4대 강 정비 사업을 완공해 버렸다.

　캐나다는 냇물에 다리 하나 놓는 일도 환경에 어떤 영향을 미칠지 연구하고 토론하느라 10년이 지나도 건설하지 못한다는데 우리나라는 국토 전체를 가로지르는 4대 강을 정비하면서 제대로 된 연구나 객관성을 띤 토론 한번 없이 곧바로 실행으로 옮겼고 마무리까지 해치웠다. 4대 강 사업 결과는 참담하다. 강에 모래가 다시 쌓이고, 겨울을 지난 보에는 균열이 생기고, 역행 침식이 일어나고, 강 정비 사업에 전혀 예상치 못한 천문학적 액수의 세금이 들어가게 생겼다.

양심 있는 학자들의 외침은 개미소리보다 미약했고, 환경운동가들이 손쓸 시간조차 없이 강간당하고 유린당하듯 4대 강이 파헤쳐졌다.

이명박 정부는 4대 강 사업으로 2년 동안 22조를 쏟아부었다. 말도 많고 탈도 많았던 새만금 방조제 사업은 대략 3조를 들여 1991년에 시작해서 2010년에 끝낸 사업인데 4대 강 사업은 22조라는 엄청난 돈을 들여 2009년에 시작해서 2011년에 완공했다고 자랑한다. 새만금은 1971년부터 계획을 가지고 20년에 걸쳐 추진해서 1991년에 첫 삽을 떴는데 4대 강은 4개월 만에 환경 영향 평가를 끝내고 2009년 11월에 착공해서 2년 만에 완공해 버렸다. 강을 정비하려는 목적보다는 돈 22조를 써버리겠다는 의도로밖에는 이해할 수가 없다. 4대 강 정비 사업에는 완공이라는 단어를 쓸 수 없는데 마치 이제 모든 문제가 해결된 듯한 착각이 들도록 완공이라는 단어를 스스럼없이 쓴다. 정말 창피한 노릇이다.

4대 강 사업은 심각한 문제점이 있는데 몇 가지만 살펴보자.

첫째로 강바닥 준설이다. 4대 강 바닥 모래를 6미터 깊이로 긁어냈다. 강바닥은 긁어내도 소용없는 게 여름철 장마가 시작되면 다시 뻘건 토사가 유입되어 강바닥은 또다시 높아질 수밖에 없다. 이미 강바닥을 긁어내는 데 매년 674억이 들어간다는 국회보고서가 나왔다. 만일 강바닥도 긁어내지 않고 16개 보도 설치하지 않았다면 흙탕물은 자연스럽게 바다로 흘러들어 갈 텐데 보를 막아놓으니 어쩔 수 없이 보에 쌓이는 모래와 자갈을 준설할 수밖에 없다.

한강·낙동강·영산강·금강 바닥을 6미터 긁어내면 건물 2층 깊이를 파낸 것인데 본류가 깊어지면 지류에서 들어오는 물이 자연스럽게 흐르지 않고 2층 높이 아래로 떨어지는 현상이 일어난다. 폭포수가 4대 강으로 떨어지는 거다. 유식한 말로 역행침식이라고 하는데 이미 곳곳에서 이 역행침식이 일어나고 있어 지류 몇백 미터가 깎이는 현상이 나타난다.

2011년 여름 한철이 지났음에도 강바닥에 모래가 쌓여 새로운 모래톱이 낙동강을 비롯해 4대 강 바닥에 쌓였다. 6미터 깊이의 수량을 확보하겠다는 정부의 말이 물거품이 되어버렸다.

둘째로 4대 강에 16개 수중보를 세우는 일이다. 열여섯 개의 수중보를 세우려는 계획은 강을 전혀 이해하지 못한 데서 비롯한 실수다. 오염된 물은 강바닥에 있는 모래와 자갈에 부딪혀 와류하면서 생긴 물거품을 통해 공기와 접촉하면서 산소를 공급받아 정화된다. 여름철 상류 강물에 들어가 보면 자갈에 많은 오염물질이 붙어 미끈거리는 것을 볼 수 있다. 강바닥에 있는 자갈과 모래가 오염물질을 끌어안고 있는 현상이다. 강은 사람들이 쓰다가 버린 오염물질을 그렇게 묵묵히 5천 년 동안 받아주며 우리에게 깨끗한 식수와 농사지을 물을 대주었다.

신비하고 놀랍게도 장마나 홍수 철에 발생하는 흙탕물은 오염된 물질에 싸여 미끈거리는 자갈과 모래들을 깨끗하게 세척한다. 여름철 홍수는 사람들에게 피해만 주는 악동이 아니라 강바닥을 깨끗이 청소해 주는 도우미 역할도 한다. 우리가 먹는 수돗물을 깨끗이 처리하는 방법 가운데 기본은 강물을 10미터도 더 되는 큰 모래 통에 통과시켜 오염물질이 모래 사이사이 공간으로 끼게 하는 처리 방법이다. 정수기 역할을 하는 강바닥 모래를 다 파내어 건설업자들한테 판매하는 일은 자연의 순환을 거슬러 경제적 이익만 챙기려는 계산이다. 4대 강 정비로 경제적 이익이 발생하지도 않는다. 오히려 4대 강을 막고 파헤치고 콘크리트로 강둑을 높인 바람에 매년 1조라는 어마어마한 세금이 들어가야 한다.

셋째 문제는 16개 보로 막혀 있는 강물의 오염이다. 이미 4대 강 정비 사업은 97퍼센트 이상 완료된 상태다. 우리나라는 6,7,8월에만 집중해서 비가 오고 나머지 9개월은 거의 오지 않는다. 수중보로 물의 흐름을 막아버리면 물이 9개월 동안 고여 있는 사태가 벌어진다. 집집마다 하수처리 시설이 잘 되어 있다고는 하지만 우리가 살면서 배출하는 배설물, 찌개국물, 빨래한 물, 소 똥, 돼지 똥이 강으로 흘러들어 간다. 물론 하수가 정화되어 강으로 들어간다지만 이런 하수의 생물학적 산소요구량(BOD)은 적게는 10ppm(우리가 먹는 물은 BOD 1ppm으로 깨끗한 물이기 때문에 정화를 위한 산소가 거의 필요 없다)이고 된장찌개 150밀리리터의 생물학적 산소요구량은 56,000ppm이 넘는다. 폐식용유 같은 경우 생물학적 산소요구량이 1,000,000ppm이나 된다. 식용유 섞인 물을 사람이 마시려면 식용유 1리터당 20만 리터나 되는 물이 필요하다. 현재 흐르는 한강 물은 생물학적 산소요구량이 3ppm 선에서 오르락내리락하는 깨끗한 물이다. 온갖 하수가 강에 들어가도 물이 깨끗한 이유는 강물이 흐르기 때문이다.

강 모래는 그냥 사람들 보기 좋으라고 있는 게 아니다. 강에서 놀아본 사람은, 모래톱에 앉아 모래를 손으로 파내기 시작하면 깊이가 더할수록 맑은 물이 솟아오르는 현상을 안다. 강물은 흐르면서 모래 속을 들락날락하면서 정화된다. 그런데 무식하게도 6미터 깊이 모래를 다 긁어냈으니 정화능력이 사라진 강물은 빨리 흘러 바다로 나가주어야 하는데, 그 강물을 수중보를 설치해서 막아버린다는 계획은 전 국토를 오염원으로 만들겠다는 어이없는 정책이다.

상류에서 시작된 강물이 바다로 흘러들어 가는 데는 18일 정도가 걸린다. 그런데 수중보를 설치하면 상류의 물이 바다로 흘러들어 가는 데 180일 정도가 걸린다. 여기에는 두 가지 문제가 있다. 계속 쌓이는 모래를, 물 확보를 위해 해마다 천억이 넘는 돈을 들여 퍼내야 하고, 모래를 퍼내면 오염된 물만 수중보에 갇히는 빼도 박도 못하는 상황이 되는 것이다.

세계적으로 댐을 만들어 물을 확보하는 경우는 있어도 6미터가 넘는 수중보를 설치해서 물을 확보하는 경우는 없다. 더욱이 우리나라가 물 부족 국가라는 잘못된 통계를 가지고 국민을 현혹하는데, 유엔보고서는 우리나라를 물 부족 국가로 분류하는 것이 수량에 대한 잘못된 보고 때문이라면서 그 오류를 시인했다.

우리가 공장·논·가정에서 1년에 쓰는 물의 총량이 320억 톤이지만 이미 숲을 잘 관리해서 녹색 댐인 산에 180억 톤, 댐에 170억 톤, 곧 350억 톤을 저장하고 있다. 흐르는 강에는 매년 700억 톤의 물이 흐른다. 우리나라에 1년 동안 내리는 비의 양은 1,200억 톤이다. 물만큼은 아무 문제가 없는 나라다.

4대 강 하류 대도시에 사는 국민들을 아무리 둘러봐도 물이 부족한 경우는 없고 물을 너무 펑펑 쓰는 경우만 있다. 강 상류 지역과 섬 지역이 갈수기인 겨울에 물이 부족한 경우는 있지만 4대 강 하류에 사는 도시인들에게 물 부족 현상은 없다. 6미터나 되는 수중보를 설치해 물을 확보한다는 생각은 도대체 어디서 나온 생각인지 모르겠다. 특히 수중보는 물을 가두는 역할만 하는 것이 아니라 쓰레기와 오염원을 가두는 역할도 할 것이다. 장마 때 모든 걸 집어삼킬 듯이 흘러가는 강물 위를 지켜보면 온갖 쓰레기들이 둥실둥실 떠내려간다. 현재 그 쓰레기들이

상류에서는 댐에 가서 쌓이고 댐 하류에서는 바다로 흘러들어
간다. 그런데 16개 수중보를 설치하면 그 구간에 있는 모든 쓰
레기가 수중보에 가서 쌓일 것이다. 쌓인 쓰레기는 다시 돈 들
여 퍼내야 하고 조금만 늦으면 곧바로 썩을 것이다.

독일도 150년 전 뮌헨 한가운데를 흐르는 이자 강의 정비 사
업을 했다. 강을 직선으로 반듯하게 펴고 강둑은 콘크리트로 높
였더니 오히려 홍수 피해가 더 커졌고 강의 생태계가 완전히 망
가졌다. 강을 콘크리트로 정비하는 일이 얼마나 잘못된 일인지
를 깨달았다. 그 후 독일 정부는 10년의 조사와 준비, 설계 기
간을 거치고 또다시 10년 공사기간을 통해 원래 강 흐름으로 바
꾸어 놓았다. 원래 모습대로 강을 복원하니까 홍수도 비껴가고
각종 어류도 돌아왔다.

독일에도 강 정비 사업을 반대한 유명한 교수가 있는데 한스
헬무트 베른하르트라는 사람이다. 70세인 이 노교수는 한국에
와서 말하길, 4대 강은 이미 모든 게 완벽한데 뭘 정비한다는
건지 모르겠다며 대한민국 수중보 사업은 세계에서 가장 비싼
수영장을 만드는 것과 같다고 강력히 비난했다. 베른하르트는
공사기간이 너무 짧은 걸 특별히 걱정했다.

노교수가 예상한 대로 콘크리트가 얼었다 녹았다 하는 겨울
을 지나고 보니 16개 수중보 가운데 12개 수중보에 물이 샌다.
또 6미터 높이에서 쏟아지는 물은 보 아래 강바닥을 파들어 가
수중보 기초가 흔들려 붕괴될 위험마저 있다. 베른하르트 교수

는 수중보가 홍수를 막아주기는커녕 오히려 큰 홍수를 발생시킬 것이라고 경고했다.

이명박 정부가 4대 강을 살리고 싶은 강력한 의지가 있었다면 4대 강 가운데 어느 하나를 먼저 실시해 보고 성공하면 다음 강에 적용해도 늦지 않았을 터인데 학자들이나 국민들 의견은 듣지도 않고 겨우 2년 만에 공사를 끝내버렸다.

4대 강은 우리 역사와 함께 5천 년을 흐른 강이다. 실제로는 몇억 년이 흘렀는지도 모르겠다. 5천 년 흐른 강을 막는 데 50년을 고민해도 시원찮을 판국에 겨우 4개월의 환경 영향 평가 후 공사를 밀어붙이는 사람들을 보면 답답하다. 시화호를 막을 때도 정치인들은 걱정하지 말라고 큰소리를 뻥뻥 쳤지만 결국은 썩은 호수가 되어 바닷물을 유통시켰고, 새만금도 동진강, 만경강에서 흐르는 물을 잘 관리하면 농업용수로 사용할 수 있다고 3대에 걸친 대통령들이 호언장담했지만 지금은 생물학적 산소요구량이 10ppm이 넘는 썩은 물이 되어 농업용수로도 사용할 수 없는 물이 되었다. 그러나 이를 책임지는 사람은 아무도 없다. 4대 강 사업은 국민의 혈세만 낭비하고 국가 경쟁력만 떨어뜨릴 것이다.

시화호나 새만금은 국토의 일부이지만 4대 강은 전 국토에 이른다. 5년이나 10년 동안 철저하게 준비한 뒤 4대 강 정비 사업을 해도 늦지 않았을 텐데 왜 이리 서둘러 삽을 떠서 급하게 마무리 짓는지 그 이유를 도대체 모르겠다.

2005년 월드워치 연구소에서 펴낸 「지구환경보고서 2005」 제

5장을 보면 지구 곳곳에서 벌어지는 강 개발 역사를 예로 들면서 강은 반드시 흘러야 한다고 주장한다.

강물은 흐르면서 토양과 대기, 식물과 동물을 연결시켜 준다. 상류에는 자갈이, 중류에는 모래가, 하류에는 퇴적물이 쌓여 오묘한 생태계를 이루는데 이런 강의 특성을 무시하고 자갈이나 모래를 일정하게 6미터 깊이로 다 퍼내버리는 행위는 대한민국 강 전체를 살리는 일이 아니라 죽이는 행위다.

4대 강은 상류도 없고, 중류도 없고, 하류도 없어 생명의 흐름이 멈춰버린 죽은 강이 될 것이다.

4
숲

숲과 물

물 이야기를 하면서 나무 이야기를 하지 않을 수 없다. 나무와 물은 연인 같아서 따로 떼어 생각할 수 없다.

조상들이 넓은 땅을 유산으로 물려주길 했냐, 지하자원이 많은 땅을 물려주길 했냐 하며 대한민국이 가난에 쪼들려 사는 게 다 조상 탓이라고 불평불만 하는 사람이 있는데 뭘 몰라도 한참 모르는 것이다. 우리 아버지 세대가 물려준 위대한 유산은 바로 울창한 숲이다. 대한민국 방방곡곡에 빼곡히 들어찬 나무 덕분에 강과 호수에는 물이 차서 흘러넘치고 지하에는 풍요로운 물길이 생겼다.

전쟁을 위해 나무를 잘라 배를 만들고, 대규모 건축을 위해 숲을 베어낸 나라치고 지속적인 전성기를 맞이한 나라는 없다. 로마제국은 둘레가 1킬로미터도 넘는 공중목욕탕 물 데우고, 집 짓고, 배 만들기 위해 제국 전체 산을 민둥산으로 만들었기 때문에 멸망하고 말았다.

솔로몬 시대에 레바논에는 나무가 상당히 많았다. 구약성경 기록에 따르면 전나무와 향나무가 건물의 대들보와 기둥·벽·

선박의 돛대로 쓰이기 위해서 잘려나갔다. 레바논의 백양목은 솔로몬이 궁전과 모리야 산 위에 성전을 세울 때 사용되었는데, 역대기 하권 2장에 보면 "레바논에서 나는 향백나무와 방백나무와 자단나무도 보내주십시오." 하고 청한다. 또 솔로몬이 금으로 만든 자신의 황금방패를 '레바논 수풀 궁'에 두게 했다는 역대기 하권 9장의 표현을 보아도 레바논이 얼마나 숲으로 우거진 지역이었는지 알 수 있다.

모아이 상으로 유명한 남태평양 이스터 섬은 숲이 우거진 풍요로운 섬이었다. 숲이 풍요로웠기 때문에 물이 풍부했고 식량도 넉넉했다. 하지만 6미터짜리 모아이 돌 조각상 1,200여 개를 만든다고 나무를 베어내면서부터 숲이 사라졌고, 사라진 숲에는 더 이상 물을 저장할 수 없었다. 물이 사라진 섬에서는 농사를 지을 수 없었고 결국 서로를 잡아먹는 식인종이 되었다.

지혜롭던 솔로몬도 성전을 짓기 위해 3만 명에 이르는 이스라엘 사람과 15만 명 노예와 3천 명이 넘는 관리를 보내어 드넓은 숲의 나무를 베어내는 실수를 저지른다. 그 결과 솔로몬 시대 레바논 전역에 걸쳐 온 땅을 뒤덮고 있던 숲은 먼지만 풀풀 날리는 황무지로 변했고, 피로 얼룩진 역사를 맞고 말았다.

이스라엘 사람들은 3천 년이 지난 지금 다시 나무를 심기 시작했다. 비행기를 타고 이스라엘 상공을 날던 아랍 왕이 이스라엘의 푸른 숲을 보면서, 이스라엘 사람들은 다른 나라의 지배하에 있던 1천 년 동안 베어낸 나무를 불과 50년 만에 푸른 숲으로 만드는 기적을 이루었다며 감탄했다고 한다.

우리나라도 조선시대 말부터 일제 강점기에 이르는 시기에 산림이 황폐해졌다. 나라를 빼앗긴 36년 동안 산림의 75퍼센트를 일본인들이 도둑질해 갔고, 2차 세계대전 때보다 더 많은 폭탄을 투하했다는 6·25전쟁을 겪으면서 국토는 벌거숭이가 되어버렸다. 50년 전 미국 여행을 다녀오신 분들이 비행기를 타고 한국 하늘을 날면 벌거숭이산만 보이는데 일본을 지날 때는 울창한 숲을 보게 되어 가슴이 아프다고 말했다고 한다.

숲의 중요성을 인식한 박정희 정권 때 본격적으로 시작해서 1980년대 초에 완성한 녹화사업은 일본과 비교해도 결코 뒤지지 않는 울창한 숲을 가꾸는 기적을 일으켰다. 국제연합(UN)은 공식적으로 '개발도상국가 가운데 녹화사업에 성공한 유일한 나라는 대한민국이다.'라며 대한민국의 녹화사업을 칭찬했다.

숲은 경제발전의 원동력이다. 숲은 홍수와 가뭄을 조절하고 풍년을 선물로 안겨준다. 지금 우리가 누리고 있는 풍요가 숲에서 비롯되었다는 사실을 아는 사람이 과연 몇이나 될까? 나무가 없으면 물이 없게 마련인데 이런 지역은 더 이상 인간의 땅이 아니다. 숲을 가꾸지 않으면 물을 구할 수 없고 물이 없으면 풍요로운 삶을 누릴 수 없다.

우리나라를 여행하다 산에서 만나는 '숲은 우리의 미래'라는 표어는 구구절절 맞는 이야기다. 조상들이 우리 국토를 일컬어 '금수강산'이라고 한 것은 괜한 말이 아니다.

대한민국은 자원 강국

끝없이 펼쳐진 넓은 들판을 가진 유럽이나 미국·캐나다를 돌아보고, 여건이 우리보다 좋지 않은 아프리카·동남아시아·인도·중국을 다니다 보면 우리나라가 어떤 자연환경을 가지고 있는지 어쩔 수 없이 비교하게 된다. 외국물 좀 먹었다는 일부 사람들이 대중매체에 나와서 좁은 한국 땅덩어리에 사는 게 죄라며, 이 땅에 사는 우리가 마치 버려진 땅에 사는 사람인 것처럼 이야기하지만 내 생각은 다르다. 지구 기온이 심각하게 치솟을 미래에는 오히려 끝없이 펼쳐진 평야만 있는 나라보다 산에 나무가 가득 들어찬 우리나라가 훨씬 더 축복받은 땅이 될 것이다.

드넓은 평지를 가진 나라들은 식량 문제도 손쉽게 해결되고 도로를 놓을 때도 선 긋듯 시원스럽게 뚫어 국토 개발도 쉽다. 우리는 험한 산 때문에 도로를 뚫을 때 굽이굽이 돌아가는 길을 만들 수밖에 없어 국토 개발이 어렵다. 서쪽에서 동해로 가기 위해 태백산맥을 넘을 때 얕은 산은 빼놓고라도 최소 600미터가 넘는 산이나 영嶺이 130개나 된다. 대관령 아흔아홉 고개가 아니더라도 이 땅 어디를 가나 험난한 산 때문에 도로를 만드는 데 어려움이 많다. 요즘 들어 발달한 기술 덕분에 터널을 뚫거나 다리를 놓는 방법도 사용하지만 터널을 뚫을 때마다 사회적 갈등이 심하다.

도로 만드는 일도, 농지 만드는 일도, 심지어는 신도시 개발하는 일도 땅덩어리가 좁기 때문에 국민들이 서로 웃으면서 합의 보고 진행하는 사업을 찾아보기 힘들다. 도로 하나 낼 때마다, 터널 뚫을 때마다 경찰과 시민단체 사이에 폭력이 오고 가는 모습은 짜증스럽기도 하지만, 그래도 결론적으로 대한민국처럼 살기 좋고 미래가 밝은 나라는 없다. 그 이유는 울창한 숲 때문이다.

보기만 해도 기분 좋고 넉넉해지는 평창강이 생태마을 바로 앞을 흐른다.

산이 주는 혜택은 헤아릴 수 없이 많다. 우선 1헥타르(3,025 평)의 숲은 3백 명이 마실 수 있는 맑은 공기를 뿜어낸다. 현재 우리나라 산림은 630만 헥타르 정도다. 산에서 뿜어져 나오는 신선한 공기는 19억 명이 마셔도 되는 엄청난 양이다.

서울·경기 지역만 벗어나면 우리나라 어디를 가나 깨끗한 공기를 마실 수 있다. 대기오염이 심각한 서울·경기 지역도 30분만 차를 몰고 나가면 울창한 숲이 있는 산을 만날 수 있다. 프랑스 파리에 사는 사람이 산을 구경하고 싶으면 적어도 두 시간 이상은 운전해야 산 비슷한 장소를 발견할 수 있다. 인도나 캄보디아에서는 버스를 타고 세 시간 내내 달려도 언덕조차 구경하기 힘들다. 한국처럼 전국 어디서나 눈만 돌리면 푸른 산이 있고 맑은 공기가 뿜어져 나오는 나라는 세계 어디에서도 찾기 힘들다.

둘째로, 우리나라 숲은 5천 년 역사를 지켜주었다. 중국과 일본, 몽고에게 수많은 침략을 당하면서도 끄떡없이 이 나라를 지키고 단일민족을 이루어 올 수 있었던 이유는 산 덕분이다. 외세에 침략당하면 우선 숲이 우거진 산으로 숨어들었고, 깊은 숲으로 도망친 사람들이 하나둘 뭉쳐 저항운동을 시작했다. 한반도를 침략한 중국이나 일본 군인들은 산속에 숨어 있는 우리 조상들을 쫓아다니느라 지쳐갔고 결국 물러날 수밖에 없었다. 그렇게 우리 민족은 울창한 숲 덕분에 이 나라를 지켰고 5천 년 역사를 일구어 왔다. 빨치산이나 임꺽정이 새로운 세상을 꿈꿀 수 있었던 것도 깊은 숲이 있었기에 가능했다.

셋째로, 여름 장마철에 5백 밀리미터나 되는 큰비가 내리는 우리나라 산에 나무가 없었다면 어떻게 되었을까? 결과는 '지독한 홍수'로 고통의 나날을 보냈을 것이다. 나무가 없는 벌거숭이산에 집중호우가 내리면 엄청난 양의 빗물은 산 경사면에 벌겋게 드러나 있는 흙과 자갈과 뒤섞여 폭포수처럼 산 아래로 쏟아져 산사태와 함께 홍수를 일으켰을 것이다. 더욱이 쓸려 내려온 토사는 강바닥에 쌓였을 것이고, 높아진 강바닥 위로 다시 집중호우가 쏟아져 내리면 강물이 넘쳐 온 나라가 홍수 때문에 몸살을 앓았을 것이다.

산에 나무를 잘라내고 옥수수와 감자를 심은 북한은 장마철만 되면 홍수와 산사태, 강물의 범람으로 고통을 겪고 있다. 반면 남한은 모든 산에 나무가 빽빽이 서 있다. 가을이 되면 나무로 가득 찬 숲은 엄청난 양의 낙엽을 땅에 떨어뜨린다. 떨어진 낙엽은 땅바닥에 1미터 이상 쌓여 썩고 썩어서 스펀지 같은 토양을 이룬다. 하늘에서 아무리 많은 비님이 오셔도 무릎까지 낙엽이 수북이 쌓여 거대한 스펀지가 된 땅은 폭우를 다 받아낸다. 나무가 없어 낙엽층이 전혀 없고 맨땅을 드러낸 북한과는 전혀 다른 상황이 펼쳐진다.

스펀지 같은 낙엽층이 비를 흠뻑 먹고 나면 숲은 나무뿌리 사이로 물을 저장한다. 나무뿌리 사이사이 틈새로 물이 가득 차면 땅속 10미터 지하 대수층에 물을 저장한다. 스펀지가 되어 있는 낙엽층과 표토층과 나무뿌리와 대수층에 빗물 저장이 끝나면 나무는 나뭇잎으로 물을 끌어올려 저장한다. 큰 느티나무 한 그루에 달려 있는 나뭇잎을 펼치면 1천 평이나 2천 평 정도 넓이가 된다. 초등학교 운동장 하나만 한 넓이다. 싱그러운 나뭇잎을 찢어보면 물기가 가득 배어 있다. 나무는 뿌리부터 잎까지 전체가 물 저장 탱크다. 그래서 우리는 국토 전체를 뒤덮고 있는 숲을 일컬어 '녹색 댐'이라고 부른다. 아무리 비님이 많이 와도 유럽처럼 도시 전체가 물에 잠기지 않는 이유는 자연으로 형성된 녹색 댐 덕분이다.

또 낙엽이 가득한 산에서는 토사가 흘러내릴 염려도 없다. 뿌리가 흙을 단단히 붙잡고 있고, 그 위로는 낙엽이 흙을 이불처럼 덮고 있으니, 영양분 가득한 흙은 폭우에도 끄떡없다. 만일 산에 나무가 없다면 방호벽 없는 전쟁터와 마찬가지다. 우리나라 산은 자연재해와 마주해도 3중 저지선 몫을 톡톡히 해낸다.

넷째로, 산에 나무가 없다면 가뭄에 시달렸을 것이다. 나무로 가득 찬 우리나라 산이 저장하고 있는 물의 양은 180억 톤 정도다. 우리나라 전체에서 한 해 동안 사용하는 물의 양이 320억 톤인데 그 절반이 넘는 양이 숲에 저장되어 있는 셈이다. 팔당 댐 저수량이 2억 8천만 톤 정도이니 저수량 180억 톤이면 팔당 댐 60개 정도의 물이 산에 저장되어 있는 것이다. 낭만을 이야기하고 멋진 강을 이야기할 때 파리 '센 강! 센 강!' 하고 말들 하지만 한강에 비하면 폭이 5분의 1도 되지 않는 초라한 강이다.

주위에 산이 전혀 없는 로마 한가운데를 흐르는 테베레 강의 폭은 한강의 10분의 1도 되지 않는다.

산은 자신이 머금은 물을 사시사철 조금씩 아주 천천히 강으로 뱉어내면서 국토 전체에 물을 공급해 준다. 아무리 가물어도 한강을 유유히 흐르는 물을 보면 뿌듯하고 안심이 된다.

세계 여행을 다녀보면 음식점에서 물 인심이 가장 좋은 나라도 대한민국이다. 대한민국 음식점은 찬물, 더운물, 얼음물, 보리차, 숭늉까지 모든 물을 무료로 준다. 그것도 물병 가득 채워 준다. 또 물을 더 달라면 언제든지 넉넉하게 갖다 준다. 많은 나라를 다녀봐도 식당에서 다양한 물을 공짜로 무한정 주는 나라는 우리나라밖에 없는 것 같다.

중국의 황허 강은 비가 오지 않는 갈수기에는 강물이 흐르지 않는 지역이 몇백 킬로미터나 된다. 요즘은 중국 정부가 치수 治水에 많은 노력을 쏟은 덕에 물 사정이 조금 나아졌다지만, 환경 재앙 시대인 21세기에 광활한 중국 대륙은 서서히 저주의 땅이 되어가는 징조를 보이고 있다. 숲이 사라진 베이징은 대수층에 있는 지하수를 너무 많이 퍼 써서 땅이 가라앉는 현상이 곳곳에서 일어난다. 중국의 수도 베이징 바로 앞까지 진행된 사막화와 그에 따른 붉은 모래바람은 중국 본토를 쑥대밭으로 만들고, 가까운 우리나라와 심지어는 일본, 아메리카 대륙에까지 영향을 끼친다.

중국이나 북한과 비교하면 우리는 얼마나 축복받은 나라인가? 북한은 비님이 많이 오시면 홍수에 시달리고, 비님이 안 오시면 가뭄에 시달려 해마다 인구의 3분의 1인 700만 명이 굶주림으로 고통을 겪는다. 북한의 벌거숭이산이 푸른 숲으로 복구되려면 앞으로 20년은 걸릴 텐데, 북한 주민들은 그동안 가뭄·홍수·굶주림에 계속 시달려야 한다. 북한은 2006년 홍수 피해로 50만 톤의 식량이 부족했다고 한다. 2007년에도 500밀리미터 정도의 큰비로 200만 톤의 식량이 사라졌기에 2008년에는 600만 명이 굶주림에 허덕였고 2011년에도 700만 명이 배고픔으로 고통을 겪었다.

그런 면에서 남한의 산은 감동을 불러일으키기에 충분하다. 2006년 산림청에서 숲의 경제적 가치를 발표했는데, 그 내용을 보면 숲은 대기 정화 13조, 물 저장 17조, 토사 유출 방지 12조, 휴식 휴양 11조, 그리고 산림 정수 기능, 야생동물 보호 기능까지 합쳐서 대략 66조 원이나 되는 경제적 혜택을 준다.

2012년 세계 물 시장은 800조에 이르고 2015년에는 1,600조가 될 전망이다. 2006년에는 석유·석탄을 포함해서 700억 달러 정도 에너지를 수입했는데, 우리나라가 석유·석탄이 없는 에너지 빈국이라 하지만 숲의 가치를 대비시켜 보면 더 이상 에너지 빈국이 아니다. 이미 우리는 숲에서 매년 700억 달러의 경제적 혜택을 누리고 있는 에너지 강국이다. 더욱이 앞으로 숲만 잘 가꾸면 그 혜택을 점점 많이 받을 수 있다. 우스갯소리로 우유부단하고 무능력한 사람이 오기가 날 때 '날 물로 보지 마!' 또는 '나 물 먹이지 마!' 하며 따지는데, 이제 '물'로 본다는 말을 그렇게 쓰면 안 된다. 물은 새로운 황금시장(블루오션)이다. 이런 물이 대한민국 산에 가득하다.

녹화사업을 한참 진행하던 1972년 초, 북한을 비밀리에 다녀온 이후락 중앙정보부장이 박정희 대통령에게 '북한의 산이 모두 벌거숭이였다.'고 보고하자 박 대통령이 '이제는 됐다.'며 무릎을 쳤다는 유명한 일화가 있다. 박정희 정권은 산의 나무를 베어 땔감으로 쓰는 주민들을 단속하기 위해 농림부에 있던 산림청을 내무부로 이전하는, 세계 역사에 유례없는 강력한 정책을 시행했다. 또한 현신규 박사와 산림청장들의 희생과 열정으로 산림녹화를 빠르게 진행할 수 있었다.

1970년대 북한이 군사력에서는 남한을 앞섰다 해도 나무가 없던 북한은 경쟁에서 뒤처지기 시작했다. 결국 북한은 숲을 가꾸지 않아 어떤 형태로든 남한의 도움 없이는 살 수 없는 나라가 되었다.

산의 나무를 자르는 나라는 '생존을 포기하겠다.'고 굳게 결심하는 꼴이다. 정치·경제 상황이 어려운 나라들인 아프리카의 동부 지역과 중동 지역, 아프가니스탄을 보면 공통적인 특징이 하나 있는데 산에 나무가 없다는 점이다. 전쟁이 일어날 가능성이 충분한 나라들이다. 아프가니스탄은 숲에 나무가 없고, 강에 물이 없고, 사람에게는 식량이 없는 3무無의 나라라고 한다.

30년 전 우리 부모님들이 이루어 놓은 녹화사업은 한반도에 엄청난 자원을 준비해 준 위대한 유산이다.

미래가 암울한 북한

6·25전쟁이 끝나고 폐허 속에 살아야 했던 우리 부모 세대는 '보릿고개'라는 혹독하게 배고픈 시기를 넘겨야 했다. 팔십을 바라보는 할머니들이 6·25전쟁이 끝나 폐허가 된 1953년부터 1962년까지 세월을 돌아보면서 '그때는 똥구멍이 찢어지도록 가난했다.'며 한숨을 내쉰다.

국민의 84퍼센트가 소작농小作農이던 1947년만 해도 농민들은 가을걷이를 해도 남는 곡식이 없었다. 얼마 안 되는 양식을 가지고 대가족이 먹고살아야 했기에 겨우살이하고 난 다음 해 2,3월이 되면 징글맞게도 쌀통이 바닥을 드러낸다. 먹을 양식이 떨어진 농민들은 보리이삭이 패는 5월 전까지 산나물과 풀뿌리나 칡을 캐서 먹었고, 그것도 여의치 않으면 나무껍질을 벗겨 먹으며 배고픔을 달랬는데, 그 가운데 최고 요깃거리가 소나무 속껍질을 말려 끓여 먹는 음식이었다.

속살이 하얀 소나무 껍질을 벗겨 말린 후 갈아서 분말을 만들어 쌀이나 보리와 함께 끓이면 불그스름한 빛깔을 띠는 밥이 된다. 소나무 껍질로 끓인 밥은 먹을 때는 배가 부른데 변을 볼 때 심각한 문제가 생긴다. 과일이나 채소에 있는 섬유질은 부드러워 장이 완벽하게 소화하고 흡수하는 반면 소나무 껍질을 이루는 섬유질은 강해서 장에서 흡수를 못하기 때문이다.

소나무 껍질은 위에 들어가 배부른 느낌은 주었지만 대장으로 가는 동안 수분이 줄어들어 딱딱하게 뭉치기 때문에 돌덩어리처럼 굳은 변을 배설할 수밖에 없었다. 결국 딱딱하게 굳은 변을 볼 때 항문이 찢어지는 고통을 겪어야 했기에 집집마다 뒷간에서 똥구멍 찢어지는 소리가 들렸다. 그래서 할머니 할아버지들은 옛날 생각을 하면서 '그때는 똥구멍이 찢어지도록 가난했지….' 하며 그때의 기억을 털어내려는 듯 고개를 설레설레 저으신다.

똥구멍이 찢어지도록 가난했던 60년 전 남한의 삶을 이제는 북한에 사는 동포들이 경험하고 있다. 남한 국민들은 2011년 음식 쓰레기로 540만 톤을 버렸는데 북한 주민의 2010년 연간 식량 수요량이 535만 톤이었다. 또 2011년 북한 곡물 생산량은 466만 톤밖에 되지 않았다. 남한이 1년에 버리는 음식 쓰레기만으로도 굶주리는 북한 어린이를 30년 동안 먹여 살릴 수 있다.

남한 아이들은 소아 비만과 당뇨병으로 고생하지만, 북한 아이들은 식량부족 속에 성장 장애와 영양실조로 죽어간다. 북한 성인 남자들의 평균 키는 지난 100년 동안 변함이 없었기에 인민군 평균 키는 163센티미터, 몸무게는 48킬로그램 정도다. 2012년 북한 군 입대 키 기준이 140센티미터만 넘으면 된

중국 지린성 즈안시에서 바라본 자강도 만포시의 전경.

다니 이 얼마나 기가 찰 노릇인가! 반면 남한 군인들의 평균 키는 174센티미터에 몸무게는 68킬로그램이나 된다. 북한이 이 지경에 이른 원인은 김일성 삼부자의 독재정치 때문이기도 하지만 무엇보다 북한 정권이 숲의 가치를 제대로 파악하지 못했기 때문이다.

1950년대 북한을 통치하던 김일성의 최대 업적은 남한에서는 배가 고파 고통을 겪는 동안 북한 인민들은 배고프지 않게 한 점이다. 구소련과 중국의 지원을 받은 북한은 처음 30년 동안 인민들에게 하루 세 끼 식량 배급을 해주었다. 그러나 독재자의 잘못된 판단으로 세계와 고립된 북한은 1980년대부터 식량 사정이 나빠졌고, 석유와 식량을 싼 값에 공급해 주던 구소련이 무너진 1992년부터는 식량 배급을 할 수 없게 되었다. 다급해진 북한은 산등성이를 개간하여 뙈기밭에 감자나 옥수수를 심어서 부족한 식량을 해결했다. 겨울이 남한보다 훨씬 긴 북한은 난방용 기름이 없어 산에서 나무를 베어 땔감으로 썼기에 산림황폐화는 더욱 가속화되었다. 북한은 세계에서 셋째로 빠른 속도로 숲을 공격했다.

나무를 베어버린 민둥산은 생태계 유지 기능을 잃어버렸고, 큰비를 받아들이지 못하는 벌거숭이산은 북한 인민들을 공격하는 무기로 돌변했다. 비가 조금만 와도 산에서 붉은 흙탕물이 흘러내려 산사태와 홍수가 났고, 비가 오지 않으면 산에 나무가 없기 때문에 증산작용도 일어나지 않아 소나기도 오지 않을 뿐더러 땅 밑을 흐르는 대수층까지 물이 말라버려 결국 샘물이 마르고 자연 순환 고리가 끊어져 버렸다.

나라 어디를 가도 먹을 양식이 없는 북한은 의식주衣食住의 순서를 뒤바꾸어 식주의食住衣라는 새로운 개념을 만들어 국민들에게 식량 생산의 중요성을 강조했다.

어떤 방법으로도 식량 문제를 해결할 수 없었던 북한은 1992년부터 하루 두 끼 먹기 운동을 벌였다. 북한 정권은 바보처럼 산의 나무를 잘라내고 다락밭을 만드는 돌이킬 수 없는 잘못을 저지른다. 산을 제대로 이해하지 못하고 흙의 성질을 깨닫지 못한 북한은 부족한 식량 생산을 늘리기 위해 산허리에 있는 나무를 자르고 옥수수나 콩 같은 한 가지 작물만 촘촘히 심었다. 천삽 뜨기 운동과 별 보기 운동을 아무리 해도 숲이 제 기능을 발휘하지 못하면 농사를 지을 수 없다.

산의 나무를 잘라낸 북한은 1995년과 1996년 대홍수로 자연이 내리는 벌을 받는다. 엎친 데 덮친 격으로 1997년에는 가뭄으로 징글징글한 굶주림의 지옥에 들어서면서 6·25전쟁 때 죽은 숫자와 맞먹는 2백만 명이 굶어 죽었다.

황석영 작가의 「바리데기」는 북한이 겪고 있는 고통을 잘 표현한 작품이다. 그 일부분을 옮겨본다.

여름 내내 하늘에 구멍이 난 것처럼 비가 쏟아져 내렸다. 칠월 말부터 시작된 폭우는 팔월 중순이 넘도록 계속되었다. 산비탈에 심은 옥수수며 남새밭들은 모조리 쓸려 내려갔고, 산등성이를 따라 이어지던 다락밭들도 산사태로 벌건 속흙을 드러낸 채로 곳곳이 무너지거나 흙 속에 파묻혀 버렸다. 두만강도 물이 불어 둑을 타 넘고, 무산시의 낮은 곳은 모두 흙탕 웅덩이로 변했다. 철길과 도로는 곳곳이 무너지고 끊겼다. 라디오 방송에서는 나라 전체가 물구덩이 속에 잠겼다고 말했다. 홍수가 넘친 들판과 시 변두리에 시체들이 둥둥 떠다녔다.

태풍은 점점 강해지고 게릴라성 폭우까지 빈번한 21세기에 산에 나무가 없는 북한의 미래는 암울하다. 북한을 제대로 도와주려면 식량도 중요하지만 숲을 이룰 묘목을 보내줘야 한다.

산불

현재 지구에서는 해마다 남한의 두 배에 이르는 산림이 화재와 방화, 도시 개발, 그리고 사막화로 사라져 간다.

세계자원연구소(WRI)는 가장 비관적인 환경보호론자들이 경고했던 것보다 더 빠른 속도로 지구촌 숲이 줄어들고 있으며, 앞으로 20년 후에는 40퍼센트의 산림이 사라질지도 모른다고 경고한다. 북한이 산림의 30퍼센트 정도를 망가뜨린 결과 대재앙을 겪은 사실에 비추어 볼 때 지구 산림의 40퍼센트가 훼손될 2020년경 지구촌은 북한처럼 굶주림과 자연재해와 싸워야 할 것이다.

2000년 4월, 길고 긴 봄 가뭄 끝에 강원도 삼척에 큰 산불이 났다. 모든 것이 타버린 삼척에서 비누가 필요하다고 해서 환경센터에서 만든 '하늘샘' 저공해 비누 1만 8천 개를 차에 싣고 산불 피해지역을 다녀왔다. 삼척 시장님과 삼척 시내 본당신부님을 만나 피해 상황에 대해 자세히 들을 수 있었다.

삼척 시민들에게 산불은 마치 악마가 온 세상을 불태워 버리려고 작정한 마지막 심판 같았다고 한다. 불길이 5백 미터씩 날아다니고, 심지어 도저히 건널 수 없는 강물도 훌쩍 넘어서 반대편 산에까지 불길을 옮겼다니 말만 들어도 불의 위력을 느낄 수 있었다. 삼척 시내 어느 본당신부님은 온 시내에 열기가 가득 차자, 성당의 모든 서류와 성체聖體를 차에 모셔놓고 성당으로 불이 번지면 언제든 피해 갈 생각에 잠을 이루지 못하고 뜬 눈으로 차 안에서 밤을 새웠다고 한다.

30-40년간 자란 3천만 평에 이르는 산림이 산불로 순식간에 잿더미가 되어버렸다. 산불의 또 다른 아픔은 비가 올 때 나무가 다 타버리고 난 벌거숭이산에서 빗물과 함께 흘러내리는 흙이다. 빗물에 섞여 들어오는 황토는 바다 어장을 망가뜨리기 때문이다.

무심히 버리는 담배꽁초 하나가 몇십 년 동안 가꾼 소중한 숲을 잿더미로 만든다. 겨울철이나 이른 봄철 강원도 국도를 운전하다가 앞 차에서 창밖으로 버린 빨간 담배꽁초가 도로 바닥에 불똥을 일으키면서 뒹굴며 숲 속으로 튀어 들어갈 때면 가슴이 철렁 내려앉는다. 담배꽁초를 차창 밖으로 버리는 사람에게는 사소한 짓일지 모르지만 담배꽁초로 비롯된 산불은 30-40년 동안 자란 울창한 숲과 그 안에 사는 동물들, 그리고 사람들에게 끔찍한 피해를 입힌다.

차 안에서 담배 피우는 모습도 못마땅하지만, 그 담배를 멋이라도 부리려는 듯 손가락으로 튕기며 창밖으로 버리는 사람들을 보면 마음에서 불같은 분노가 일어난다.

우리는 자연 앞에서 매사에 조심하고 몸을 낮추어야 한다. 2007년 겨울 태안 앞바다를 죽음의 바다로 만들고 바다에 기대어 사는 사람들을 자살까지 하게 만든 장본인도 바로 사람이다. 산불을 내는 일은 몇십 년 동안 자란 나무를 단 몇 분 만에 재 덩어리로 만들어 버리는 파괴 행위이며, 그 어떤 범죄보다도 죄질이 나쁘다. 산불이 일어나면 나무와, 산에 사는 동물이 죽을 뿐 아니라 사람의 병을 고치는 약초까지도 없애버린다. 산림 파괴는 인간 삶의 파괴로 이어지는 연결고리다.

산불에 대한 보고서를 보면, 어처구니없게도 그 원인이 담뱃불과 쓰레기 태우다 날린 불씨 때문이라고 한다. 우리는 산이 얼마나 소중한지 깨닫고, 건조한 겨울이나 봄철에는 산 주위에서 불씨가 얼씬도 못하게 해야 한다.

광교산

　나는 1965년 계사년 음력 6월 7일 해질 무렵에 태어났다. 산천천지 돌아다니며 노느라고 해지기 전에는 집에 들어간 적이 없을 정도로 늘 싸돌아다니는 나를 보고 어머니는 뱀띠로, 그것도 뱀이 가장 왕성하게 돌아다니는 저녁에 태어나서 저렇게 방방곡곡을 헤집고 다닌다고 지게 작대기를 드셨다. 지구에 태어난 내게 가장 괴로운 일 가운데 하나가 학교 가는 일이었다. 특별한 재능이 없던 나는 학교 공부에 별 흥미를 느끼지 못했다. 공부도 못하고, 그림도 못 그리고, 운동도 못하던 나는 모든 수업 시간이 고역이었다. 운동회 날 달리기 시합 때 죽어라 뛰어봤자 언제나 1등을 위한 들러리였다.

　초·중·고등학교 통틀어 반장은커녕 줄반장도 한번 해본 적없던 나에게 사각형으로 된 학교는 감옥이었다.

　20년이 넘는 학창시절을 뒤돌아볼 때 학교 가기 가장 싫었던 때는 단연 초등학교 때였다. 해 뜨면 화성 성곽 언덕배기에서 비닐부대 자루를 붙잡고 미끄럼 타며 놀던 꼬마가 책상에 앉아 받아쓰기 하고 산수를 공부하는 것은 여간 힘든 일이 아니었다. 초등학교 1학년 때 받아쓰기 성적은 늘 빵점이었고, 한글을 깨치지 못한 아이에게 내리는 벌은 나머지 공부였다. 감옥 같은 학교에 남아서 그 형벌을 견디고 해가 질 무렵에야 선생님과 6학년 형들과 함께 하굣길에 올랐다. 다른 아이들은 4교시 끝나면 집에 갔지만, 나는 1학년임에도 6교시가 끝나도록 학교에 남아 있어야 했으니 감옥도 그런 감옥이 있었을까?

내가 감옥에서 해방되는 날은 토요일과 일요일뿐이었다. 지구촌의 자랑인 산에 갈 수 있는 토요일 오후가 되면, 설렘과 흥분으로 가득 차서 아버지를 따라 수원 화성을 둘러싸고 있는 광교산으로 갔다. 좁디좁은 교실에서 꼼지락거리지도 못하고, 도대체 어떻게 써야 할지 모를 받아쓰기와 열 손가락 모두 이리저리 옴지락거려도 맞추기 불가능한 더하기 빼기를 안 해도 되는 광교산은 내게 해방구였다.

역마살이 낀 내게는 타잔처럼 나무 타고, 도토리 따고, 밤 줍고, 도라지 캐고, 가재 잡는 일이 너무나 신나고 재미있었다. 월요일이 영영 오지 않았으면 좋겠다는 생각을 수없이 했다. 산과 어우러져 아버지와 놀다가 밤이 어두워져서 길을 헤맨 날이 한두 번이 아니었지만 학교 공부와는 비교가 되지 않을 만큼 흥미진진한 탐험 시간이었다.

초등학교 3학년 가을로 기억한다. 광교산 입구에 '주안말'이라 불리는 작은 마을이 있었는데, 아버지와 둘이서 대추 서리를 했다. 내가 망을 보고 아버지는 대추나무에 오르셨다. 아버지가 떨어뜨려 주시는 대추를 정신없이 줍다가 그만 대추밭 주인에게 딱 걸리고 말았다. 주인은 아버지와 나를 세워놓고 호통을 쳤고, 아버지와 나는 될 수 있는 대로 공손하게 고개를 숙인 채 죄인으로서 도리를 다했다.

한참 혼을 내던 대추밭 주인이 아버지에게 '이 아이는 누구냐?'고 물었다. 아버지가 '우리 막내아들.'이라고 대답하셨다. 그때 대추밭 주인이 한 말이 아직도 잊히지 않는다.

"아들하고 참 잘한다!"

아저씨 핀잔이 기분 나쁘지 않았다. 주인은 웃으면서 우리를 풀어주었고, 우리는 신나서 더 큰 목적을 위해 광교산을 올랐다.

일요일 아침이면 김밥이랄 것도 없지만 기름도 바르지 않은 김을 펼쳐놓고 밥과 길쭉한 김치와 노란 무를 넣고 둘둘 말아서 배낭에 넣고 광교산에 오르곤 했다. 한참을 오르다가 배에서 꼬르륵 소리가 나면 따로 시계를 볼 필요도 없이 그냥 점심시간이었다. 맑은 시냇가에 자리 잡고 앉아서 배가 울퉁불퉁 튀어나온 김밥 한 줄을 꺼내 꽁지부터 우적우적 씹으면, 김과 김치와 노란 무가 만들어 내는 특유의 냄새가 싱그러운 나뭇잎 향기와 어우러지면서 세상 어떤 향료보다도 입맛을 돋우었다.

점심을 먹고 점점 깊은 산속으로 들어가면 이번에는 감 서리를 할 차례였다. 감 서리를 할 때는 조금 더 주의를 기울여 망을 봐야 했다. 아버지께서 키가 작은 대추나무에서는 금방 내려올 수 있지만, 키가 큰 감나무에서는 한참을 내려와야 했기 때문이다.

배낭 한가득 도토리와 밤을 주워 돌아오는 들판에서 우리는 마무리로 콩 서리를 한 번 더 했다. 그러고는 여기저기 흩어져 있는 나뭇가지를 주워서 서리한 콩을 구워 먹었다. 새까맣게 된 콩 껍질을 손으로 비비면 김이 모락모락 피어나는 파란 콩이 모습을 드러내는데 이 콩을 서너 알 한입에 털어 넣고 오물오물 씹으며 아버지와 눈을 맞추면 우리처럼 행복한 아버지와 아들이 어디에 또 있을까 싶었다.

광교산은 나에게 가장 많은 지혜를 가르쳐 준 학교다. 산에 몹시 가고 싶을 때면, 아버지가 안 계셔도 혼자라도 가곤 했다. 광교 저수지를 지나서 산 초입에 있는 개울가에 들어가 가재를 잡으면 잠깐 사이에 도시락에 한가득 찼다. 해가 떨어지는 줄도 모른 채 혼자 신나게 놀다가 10리도 더 되는 집으로 돌아갈 때면 나머지 공부 끝내고 가는 날과 비교가 되지 않을 정도로 발걸음이 가벼웠다.

집에 가서 어머니에게 도시락을 내밀며 가재 삶아 달라고 하면, 어머니는 '누가 너더러 밤늦게까지 가재 잡으러 다니라고 그랬냐?'며 싸리 빗자루를 드셨다. 내가 가장 좋아하는 학교 광교산과 함께 놀 수만 있다면 매 한두 대쯤이야 상관없었다.

추억이 깃든 학교 광교산이 개발이라는 이름 아래 여기저기 잘려나갈 때면 가슴이 미어진다. 영동고속도로 동수원 나들목을 지나면서 파헤쳐진 광교산을 볼 때마다 슬프다.

산은 나뿐 아니라 자연을 사랑하는 모든 사람에게 이루 헤아릴 수 없는 감동과 행복을 선물하는 벗이다.

5

환경호르몬

무정자증

　잘생긴 청년이 성당에 나왔다. 체격도 건장하고 외모도 반듯
했다. 신세대 젊은이치고는 진지한 눈빛을 하고 있어 호감이 갔
다. 느낌 그대로 청년은 6개월 동안 교리교육을 착실하게 받은
후 성탄 때 세례를 받았다.

　따뜻한 봄날, 청년은 수줍은 얼굴로 예쁘장한 아가씨를 내게
데리고 왔다. 내 마음에 꼭 들었던 이 젊은 남녀가 결혼해서 서
로 사랑하고 그 열매로 예쁜 아기 낳고 알콩달콩 살기를 바라며
혼인성사를 집전했다.

　신혼부부에게 아기는 기쁨이요 웃음인 동시에 걱정거리요 일
거리고 삶의 원동력이다. 아이를 키우면서 사는 재미와 이야깃
거리와 추억거리가 쌓이면서 행복한 가정이 탄생한다. 아이 없
는 가정은 웃음도, 기쁨도, 걱정도, 일거리도 없는 무미건조한
가정이 되기 쉽다.

　축복과 설렘 속에서 태어난 아기는 눈동자가 너무 맑아 하늘
처럼 푸른 빛깔을 띠며 눈망울을 요리조리 굴려가며 세상을 탐
색한다. 꽃잎 같은 입술을 달싹이며 엄마 젖을 찾아 양껏 배를

불리고 평화롭게 잠든 아기에게 축복을 주는 일은 크나큰 기쁨이다. 부모들이 자식을 보며 눈에 넣어도 아프지 않다는 말을 실감하는 때이기도 하다.

결혼한 지 1년이 지난 신혼부부를 보면서 마음이 초조해졌다. 새색시 배가 언제 불러올까? 아기를 언제 가질까? 궁금한 마음에 내가 먼저 물어본다.

"애는 언제 생기는 거야?"

신랑 얼굴이 빨개진다. "신부님, 기다려 보세요."

2년이 지나고 3년이 지났다. 답답하고 궁금하다. 부부를 사제관으로 불렀다.

"애 소식 없어? 병원에는 가 봤어?"

신랑이 머뭇거린다. 다급한 내가 "혹시 병원에서 무정자증이래?" 하고 묻자, 신랑은 힘없는 눈빛으로 "예." 하고 대답한다.

사목하는 20년 동안 열 사람도 넘는 무정자증 신랑을 만났다. 언제나 어깨가 축 처져 있는 그들! 얼마나 힘들고 괴로울까? 자기 자식이 옹알이하며 '엄마! 아빠!' 하고 부르는 소리를 간절히 듣고 싶을 텐데! 남들 다 보내는 유치원에도 보내고, 가방 메고 학교 가는 뒷모습도 보고 싶고, 성탄절에는 아이 몰래 양말 주머니에 선물을 넣어주는 기쁨도 누리고 싶을 텐데….

농약 친 먹을거리와 중금속에 오염된 합성화학물질로 가득한 물질 속에서 자란 처녀 총각 몸 안에서는 내분비계 교란이 일어난다. 무정자증 증세를 가진 신랑과 건강하지 못한 자궁을 가진 신부에게 임신은 하늘의 별 따기만큼이나 어려운 일이다.

덴마크 코펜하겐 대학 생식 전문 연구원인 닐스 스카케벡과 동료 연구원들은 유럽과 미국과 세계 여러 곳에서 정자 수를 조사했다. 1938년도 30대 남성과 1990년도 30대 남성의 정자 수를 비교해 본 결과 정자 수가 거의 50퍼센트나 줄어든 사실을 발견했다.

덴마크 연구원들이 발표한 정자 수 감소에 대한 보고를 믿지 않았던 발달생식의학 팀을 이끈 프랑스 학자 아우거는 자기 나라 국민만을 대상으로 정자 수 감소에 대한 연구를 했는데 연구원들 스스로도 믿지 못할 결과를 얻었다.

「도둑맞은 미래」에 실린 글을 옮겨본다.

1945년에 태어난 30세 남성의 정자 수를 17년 뒤인 1962년에 태어난 30세 남성의 정자 수와 비교했다. 1975년에 측정한 1945년생 남성의 정자 수는 정액 1밀리리터당 평균 1억 2백만 마리였다. 1992년에 측정한 1962년생 남성의 정자 수는 절반에 불과한 밀리리터당 평균 5천1백만 마리를 보이고 있었다. 이 추세가 지속된다면 2005년에 30세가 될 1975년생 남성은 대략 밀리리터당 3천2백만 마리의 정자를 가질 것이다.

3천만 마리 이하의 정자를 가진 남성들을 현대의학에서는 무정자증이라고 부른다. 30년 뒤 우리 자손 가운데 절반이 무정자증 증세를 보일지도 모르겠다. 아이들의 씨가 말라간다. 앞으로 더 많은 신혼부부가 무정자증으로 괴로워할 것이다.

그렇다면 무정자증은 왜 생기는 걸까?

첫째 원인은 엄마에게 있다. 엄마 몸속에 쌓인 독성 중금속이 아기에게 대물림되기 때문이다. 「도둑맞은 미래」의 공동 저자인 테오 콜본은 내분비계 교란물질을 대물림 독극물이라고 부른다.

둘째 원인은 결혼하기 전까지 젊은이들이 자신의 몸 상태를 전혀 모른 채 오염물질과 해로운 먹을거리로 자신의 몸을 망가뜨리기 때문이다. 자신의 정자가 파괴되어 가는 줄도 모르고 온갖 나쁜 첨가물이 들어간 가공식품을 즐겨 먹는다. 결혼 후 자신이 무정자증인 것을 알았을 때는 이미 많이 늦은 상태다.

2002년 대전 법동 성당에서 환경 강의를 했었다. 강의가 끝난 뒤 한눈에 봐도 삶의 지혜가 가득해 보이는 할아버지께서 사제관으로 나를 찾아왔다.

"신부님, 강의 잘 들었습니다. 제가 대전 보건대학 대학원장입니다. 신부님 말씀대로 우리 학교 남학생들 정자 검사를 해봤는데, 1밀리리터당 7천만 마리가 넘는 학생이 하나도 없습니다. 정말 심각합니다. 우리 같은 사람보다도 신부님이 말씀하시면 훨씬 더 설득력이 있을 테니 강의할 때마다 제가 드린 말씀을 꼭 전해 주십시오!"

"예! 좋은 정보 감사합니다."

그 후로 나는 지금까지 강의 때마다 그분 이야기를 빠뜨리지 않는다.

현대인들이 맞서 싸워야 할 듣도 보도 못한 희귀병들이 많지만 내 아들딸 씨를 말리는 내분비계 교란물질이야말로 최대의 적이며 괴물이다. 기준치 서너 배가 넘는 독성 합성세제를 세탁기에 넣고 옷을 빨아 아이에게 입히거나, 화학물질이 첨가된 패스트푸드를 먹이는 엄마들은 아이의 씨를 말리는 중이다.

고해성사 볼 때 "아이를 미워했어요, 아이에게 화냈어요." 이런 고해성사는 더 이상 하지 말고, "내 부주의로 아이의 씨를 말리고 있어요." 이렇게 고백해야 하는 건 아닐까!

한 가정당 아이 1.2명을 낳는 대한민국이 저출산율 세계 1등이란다. 아이를 낳지 않는 이유는 사교육비가 부담되고, 늦게 결혼해서 아이에게 매달려 살기 싫기 때문이다. 그러나 내분비계 교란물질 때문에 낳고 싶어도 못 낳는 불쌍한 부부들이 많다는 사실을 잊어서는 안 된다.

환경 재앙이 시작된 21세기에 각 가정에 내릴 재앙은 내분비계 교란물질이다. 결혼하고 난 뒤 무정자증이 확인될 때는 이미 늦었다. 지금, 내 아이 몸에서 내분비계 교란이 이미 시작되었을지도 모를 일이다.

성 정체성 혼란

　지구는 46억 년 동안 수많은 빙하기와 간빙기를 겪어왔는데 인간이 문명을 이루고 발전을 거듭한 지난 1만 년처럼 좋은 기후조건이 없었다. 좋은 기후조건 아래 수많은 동식물이 번성했다. 그런데 1950년부터 세계 곳곳에서 인간과 다양한 생물들한테 멸종현상이 나타나고 있다. 중국에서 세 살짜리 여자아이가 생리를 하는가 하면, 우리나라 남자아이들 가운데서 성기 왜소증(요도하열)이 생기며, 암수 구분이 되지 않는 물고기가 곳곳에서 발견되고, 하루에도 몇백 종에 이르는 생물이 지구촌에서 사라진다.

　현대과학이 만들어 낸 화학물질, 곧 폴리염화비페닐(PCB), 농약, 스티로폼, 비닐, 플라스틱 같은 데서 내분비계 교란물질(환경호르몬)들이 발생한다. 내분비계 교란물질은 생물체 안으로 들어가 남성호르몬(테스토스테론)과 여성호르몬(에스트로겐) 흉내를 내거나 정상적인 호르몬 작용을 망가뜨려 번식을 위한 교미 자체를 할 수 없게 한다. 몇몇 종은 이미 사라졌고, 어떤 종은 사라질 위기에 처해 있다.

테오 콜본, 다이앤 듀마노스키, 존 피터슨 마이어스가 1995년에 출판하여 세계가 내분비계 교란물질에 주목하게 해준 「도둑맞은 미래」에는 플로리다의 흰 독수리 이야기가 나온다. 1950년부터 그들은 짝짓기 철이 돌아와도 3분의 2는 짝짓기에 관심이 없다. 심지어 성 역할이 뒤바뀌어 암컷이 수컷 위에 올라타는 모습까지 발견되었다. 독수리들이 짝짓기를 할 수 없다면 숫자의 감소로 이어질 수밖에 없고 결국은 멸종으로 이어진다.

1960년대 미국에서는 밍크 사육업자들이 밍크를 더 빨리 살찌우기 위해 여성호르몬의 일종인 합성 여성호르몬(DES)을 주입한 결과 밍크들은 더 이상 생식을 하지 않았다. 합성 여성호르몬이 생식기를 망가뜨린 것이다.

1960년대 일본과 미국에서도 임신 중에 합성 여성호르몬이 태아에게 좋은 줄 알고 산모에게 주입한 결과, 합성 여성호르몬을 주입한 엄마한테서 태어난 남자아이들 가운데 4분의 1 정도가 동성애자가 된 가슴 아픈 일도 있었다.

1980년대에는 미국 플로리다 주의 아포프카 호수에 서식하는 악어의 알 부화율이 20퍼센트 이하로 줄었고, 수컷 악어 성기가 너무 작아져서 합궁조차 할 수 없게 되었다. 결국 악어 95퍼센트가 사라졌다. 북해 연안에서는 1988년 4월부터 10월 사이에 1만 7천여 마리의 바다표범이 면역체계가 뒤엉켜 숨졌다.

최근 노르웨이 과학자들은 북극지방North Pole에 사는 북극곰 새끼 2천 마리를 조사한 결과 이 가운데 무려 90마리가 수컷과 암컷의 성기를 모두 가지고 있다는 사실을 밝혀냈다. 북극곰뿐 아니라 사람들도 남성과 여성의 성기를 함께 가지고 태어나는 경우가 늘고 있다. 물고기에 대한 영향으로는 1980년대 후반 영국 여러 곳에서 대량 발견된 암수 구분이 어려운 물고기의 몸에서 합성세제 부산물인 알킬페놀이 다량 검출되었다고 「도둑맞은 미래」의 저자들은 주장한다.

최첨단 과학이 발달한 1990년대에 합성화학물질들이 폭발적으로 늘어났다. 현대 문명은 이 화학물질을 기반으로 발전했기에 온 세상에 환경호르몬이라는 내분비계 교란물질을 퍼뜨렸다. 내분비계 교란물질은 벽지, 페인트, 자동차, 플라스틱 그릇, 컵라면, 장난감, 생선 내장, 농약, 염색약, 건축자재 같은, 현대인이 쓰는 모든 제품에 들어 있다. 심지어 내분비계 교란물질인 비스페놀 A는 은행 순번대기표, 자동입출금기 거래명세표, 영수증에서도 검출된다.

우리나라 한강 물고기들 가운데 상당수도 암수 구분이 되지 않는 내분비계 교란 현상을 보인다. 한강에는 이미 봉준호 감독이 만든 영화 〈괴물〉보다 더 위험한 괴물들이 바글바글하다.

인간 성기와 관련된 질병을 살펴보면, 고환암 환자 수는 2배로 늘어났으며 남성 가운데 기형 생식기를 가진 신생아도 급격히 늘어났다. 환경오염물질들이 몸 안에 쌓이면 남자의 몸 안에서 여성호르몬처럼 작용하여 정자 수가 줄어들며 남성의 여성화 현상이 일어난다.

일회용 자판기 제품을 좋아하는 일본 20대 남성의 평균 정자 수(4천6백만 마리/ml)가 40대 남성의 정자 수(8천4백만 마리/ml)

에 비해 절반밖에 되지 않는다는 연구 결과도 나왔다.

세계보건기구에 따르면, 일반적인 성행위로 아이가 생길 수 있는 최저기준인 정자 수 2천만 마리도 안 되는 20대가 14퍼센트나 된다. 앞으로 10년, 20년 후에는 정자 2천만 마리도 안 되는 남자아이들 비율이 20퍼센트, 30퍼센트로 늘어날 것이다. 이런 속도로 정자 수가 감소하다가는 60년 뒤에 태어나는 남자아이들은 모두 생식능력을 잃게 될지도 모른다.

하느님께서 아브라함에게 축복으로 주신 선물은 '밤하늘의 별과 같은 자손과 바다의 모래알만큼 많은 자손'이다.

겨우 백 년 전만 해도 아이를 낳지 못하는 여인을 돌계집이라 했고, 며느리 스스로도 아이를 낳지 못하면 집안의 대를 끊는다며 조상에게 얼굴을 들 수 없는 중죄인으로 생각했다. 지구 위의 모든 생명체의 본질적 특징은 종족 번식이다. 현대에 들어서서 불임 문제는 한 집안 문제가 아니라 만물의 영장이라고 떠벌리는 인간 종 전체의 문제다.

자식을 둔 부모들은 내 자식이 아기를 임신할 능력을 갖도록 특별히 마음 쓰지 않으면, 자식이 아무리 출세하고 돈 많이 번다 해도 속 빈 강정 신세가 될 수도 있다.

생식기를 파괴하는 내분비계 교란물질의 공격에서 안전하기 위해서는 세심한 주의를 기울여야 한다. 현대과학은 10만 종의 화학물질을 개발했는데 그 가운데 4만 종은 생활 안에서 사용하기 때문에 우리 주변에 화학물질 아닌 게 없지만, 그중에서도 특히 몸속에서 치명적 해를 입히는 60가지 물질에 대해 알아둘 필요가 있다.

내분비계 교란물질은 동물성 기름에 쌓이기 쉽다. 유럽에서는 물고기 지방에 내분비계 교란물질이 많이 축적된다고 해서 임산부에게 기름기가 많은 참치나 생선을 먹지 못하게 한다.

다이옥신을 발생시키는 담배를 끊고 살충제는 될 수 있는 대로 쓰지 말아야 한다. 또한 합성세제도 삼가야 하고, 주방세제도 계면활성제가 들어간 제품을 쓰면 안 된다. 수원교구 환경센터에서 계면활성제를 원료로 하지 않고 만드는 저공해 비누 '하늘샘'도 교우들을 내분비계 교란물질의 위험에서 보호하기 위해 시작한 사업이다.

내분비계 교란물질은 에이즈나 암, 심지어 핵폭탄보다 무서운 위력으로 인류를 위협해 오고 있다. 오죽하면 지구온난화와 오존층 파괴와 더불어 내분비계 교란물질이 지구 3대 환경문제라고 했겠는가?

난자 매매

1995년 북경에서 열린 세계여성대회에서 '주님의 기도' 첫머리에 나오는 구절 '하늘에 계신 우리 아버지…'를 '하늘에 계신 우리 어머니…'라고 바꾸어 기도했다. 남성이 지배하는 세상에서는 하느님을 아버지로 불렀지만, 이제는 세상이 바뀌어 여성이 지배하는 세상이 되었기 때문에 하느님을 '어머니'로 불러야한다는 주장이다.

생명 창조에 극히 일부 역할만 담당하는 아버지보다는 잉태 순간부터 생명체에게 모든 영양분을 공급해 주는 어머니가 창조자 하느님과 더 가깝다고 여성들은 말한다. 나도 남성이지만 가만히 들어보니 틀린 말은 아니다.

생명이 탄생하는 과정에서 남성의 역할은 씨만 뿌릴 뿐이고, 잉태하는 순간부터 생명체에게 영양을 공급하며 성장의 터전이 되어주고 사람 꼴을 갖추는 열 달 동안 자궁을 빌려주어 모든 것을 제공하는 당사자는 어머니다. 어머니 자궁은 창조 작업을 하는 신성한 생명의 터전이다. 또 어머니는 세상에 태어난 생명체가 젖을 먹고 혼자 설 수 있을 때까지 자식을 돌본다. 세상을 정복한 알렉산더, 칭기즈칸, 진시황도 자신의 배 속에 자식을 품진 못했다. 모든 인간에게 어머니는 위대하고 거룩한 존재다.

그런데 현대의학은 거룩한 여성의 몫을 빼앗으려 하고, 여성들은 스스로 위대한 역할을 포기하려 한다. 대리모 역할을 자처해서, 사랑하는 사람의 아이가 아니라 생판 알지도 못하는 남의 자식을 키우는 데 자궁을 빌려준다. 심지어 카드빚에 시달리며 돈이 없어 힘들게 사는 여성들이 생명의 씨가 되는 난자를 팔고 있다. 평생 500개 정도의 난자를 만드는데, 그 가운데 한 개를 꺼내 환자 고치는 일에, 또는 자식 없는 불쌍한 부모에게 파는 것이 무슨 문제가 되느냐고 되물을 수도 있지만 그렇게 간단한 문제가 아니다.

첫째 문제는 난자 매매를 통해 태어나는 아이다. 육신의 엄마가 누구인지도 모른 채 태어날 아이가 겪을 불행을 생각해 보라!

자녀란 부부 사랑의 열매다. 험난한 세상에 부부가 서로 사랑해서 태어난 아이들도 올곧게 자라기 힘든데, 어머니 없이 태어난 아이가 견디어야 하는 고통을 누가 덜어줄 수 있을까? 게다가 태어난 아기가 기형이거나 자라는 동안 고치기 힘든 병이라도 걸렸을 때는 아이의 존재 가치가 떨어질 뿐 아니라, 아이에 대한 애정까지 싸늘하게 식어버릴 수도 있다. 물론 죽을 때까지 육신의 엄마를 모를 수도 있겠지만 이 또한 얼마나 불행한 삶인가! 만일 아기가 성장하면서 육신의 엄마를 찾고자 할 때

겪어야 할 마음고생은 또 어떤가?

　둘째로, 난자를 제공해 준 여성도 고통스럽기는 마찬가지다. 결혼하기 전 생명의 신비함을 모르다가 임신하여 자신의 자궁에서 자라는 태아와 사랑이 싹트면서 고통이 시작된다. 세상 어딘가에 엄마가 누군지도 모르고 자라고 있을 반쪽의 자기 아이를 생각하면, 마음 한편에 회색빛 그림자가 드리워지고, 평생 숨 한번 크게 쉬지 못한 채 괴로움 속에서 살아야 한다.
　서울대학교 생명공학과 교수가 어느 강연에서, 난자만 있으면 배아줄기세포를 만들어 척추가 망가져 평생 누워 지내는 불쌍한 사람을 고칠 수 있다고 하는 말에 감동해서 자신의 난자를 무려 29개나 기증한 여인이 있다. 이 여인은 2006년 11월에 자신의 기대와 달리 환자 맞춤형 배아줄기세포가 하나도 만들어지지 않았다는 사실이 밝혀지자 실망과 후회가 담긴 글을 신문에 실었는데, 그 가운데 일부 내용을 소개하겠다.

　내 소중한 난자들을 채취해 대체 어디서 무엇을 하는 데 사용한 것입니까? 아이를 낳아본 적은 없지만 바로 이런 것이 생명이구나 하면서 살붙이에 대한 정이 무엇인지 나중에야 깨닫게 되었습니다.

　과학자들이 난자 기증자들에게 생명윤리에 대해 자세히 설명해 주어야 하는데도 목적 달성만을 위해 비양심적인 방법을 동원하여 여성들의 난자를 도둑질한 희대의 사기극을 벌였다.

　끝으로, 난자 매매는 개인에게는 옳고 그름의 혼란과 양심의 가책을 주며, 그런 개인들이 사는 사회는 생명을 사고파는 노예제도 시대보다 못한 추악한 공동체로 변한다.

　생명공학은 인간의 존재 가치를 떨어뜨리고 인간을 분해·해부·조작하는 기술로 발전할 것이다. 오죽하면 생명의학生命醫學도 아닌 생명공학生命工學이라는 단어를 사용할까? 생명을 소중히 다루는 의학이라 여기기 어려운, 생명을 조작하는 공학이 판치는 세상에는 지금까지 저질러진 범죄와 차원이 다른 악한 범죄가 만연하게 될 것이다.

　복제기술이 발달해서 개·소·원숭이·늑대·고양이까지 복제하는 세상이 되었다. 많은 과학자는 사람 복제도 언제든지 가능하다고 말한다. 여기서 말하는 복제란 여성의 난자만 있으면 남자 살점을 떼어내어 살점 안에 내재된 유전자 정보로 아들이라고 말하기도 어려운 쌍둥이 인간을 만들 수 있다는 논리다. 똑같은 유전자 구조를 가진 생명체를 탄생시키는 일은 매우 위험한 일이다. 마이클 베이 감독의 영화 〈아일랜드The Island〉는 불치병에 걸린 재벌들이 자기와 똑같은 인간을 복제해서 필요한 장기는 빼서 쓰고 복제한 인간은 폐기 처분한다는 내용의 영화다. 이 영화는 생명공학이 펼칠 세계를 적나라하게 표현하면서 인간복제가 얼마나 위험한지 분명히 보여주었다.

　정치인과 과학자들은, 지금까지는 정보공학(IT)이 대한민국을 먹여 살렸다면 미래는 생명공학(BT)이 먹여 살릴 것이라는 생각 때문에 윤리 검증도 거치지 않고 오로지 돈을 많이 벌 수 있다는 욕심에 양심의 소리에 귀를 막았다. 건강하고 양심 있는 사회라면 난자를 사고팔거나 연구용으로 난도질하는 일은 처음 부터 시도하지도 않았을 것이다.

난자의 위대한 가치를 미처 깨닫지 못한 여성들에게 난자를 자궁에서 빼내는 일이 얼마나 위험한지 제대로 알려주지도 않 고 2천 개가 넘는 난자를 기증받아 연구용으로 써버린 일부 부 도덕한 생명공학 교수팀은 생명을 상품으로 만들어 버린 사람 들이다. 국가 생명윤리심의위원회는 서울대학교와 일부 병원에 난자를 기증한 여성이 무려 100명에 이르고, 그 가운데 16명은 복수가 차거나 정신적인 불안을 일으켰으며, 2명은 병원에 입 원한 사실을 확인했다. 이름도 잘 지어낸 환자 맞춤형 배아줄 기세포 연구가 거짓이었음이 확연히 드러난 뒤에야 우리나라는 윤리 논쟁을 시작했다.

환경파괴 때문에 불임자 숫자가 점점 늘어나고, 그 결과 난자 매매나 정자 매매, 끝으로 체세포 복제라는 불행한 순서를 밟 는다면 큰일이다. 한 캐나다 남자가 자신의 정자를 정자은행에 팔았는데 정자를 제공한 그 남자를 만나 손 한번 잡은 적 없는 여자들이 그의 정자를 사서 아이를 낳았다. 그 결과 무려 700명 이 한 아버지한테서 태어났다. 끔찍하지 않은가?

난자를 원하는 사람들은 이왕이면 많이 배운 여성의 난자를 원하기 때문에 여대생 난자 매매가 활발하게 이루어진다. 메뉴

판에서 음식을 주문하고 물건을 골라 사듯이 생명을 선택하고 만드는 비극이 벌어진다. 사람의 생명을 의술이 아닌 공학으로 조작해서 만든다면 목적용 생명도 얼마든지 만들 수 있다. 전쟁용 인간, 노동용 인간, 운동용 인간 같은 수없이 많은 종류의 목적용 인간을 만들 수 있고 폐기 처분할 수 있다. 물론 인간 복제는 이론적으로는 가능하지만 현실세계에서 이루어져서는 안 되는 기술이다. 생명을 조작할 수 있는 사회가 오면 인간 존엄성은 사라진다. 유전자 조작을 마구잡이로 하는 사회에서는 착한 삶이나 양심적인 삶은 사라질 것이다.

벌써 미국에서는 복제소와 복제돼지를 먹을거리로 판매할 수 있는 길이 열려 있는 상태다. 드넓은 풀밭이 아니라 공장에서 만들고 기르는 가축을 먹는 시대가 왔다.

봄이 되면 꽃이 피고, 여름이면 열매 맺고, 가을이면 추수하고, 겨울이면 만물이 쉬는 생명 순환 질서를 누구나 알고 있다. 물같이 흐르면서 지켜져 온 생명 질서가 공학기술자들 손에 파괴된다고 생각해 보라! 인간들이 이 지상에서 더 오래 영원히 살고 싶어서 발전시킨 생명공학이지만 이 세상에 영원한 생명이란 없다. 왔다 가는 것이 인간 삶이다.

불임 부부들에게 권하고 싶은 선택은 입양이다. 영화배우 브래드 피트와 안젤리나 졸리도 세계 여러 나라에서 아이들을 입양했고, 영화배우 차인표·신애라 씨 부부도 두 아이를 입양했다. 인간의 가치를 드높이는 아름다운 사람들이다.

인간에게는 생명을 사랑하는 마음이 있다. 인류를 행복하게 만드는 힘은 과학이 아니라 사랑이다. 사람한테는 동물과 달리 부족한 사람을 끌어안고 버려진 아이를 돌보며 위로하는 아름다운 사랑이 있다. 아직도 세상 곳곳에는 나환자와 병에 찌든 이들을 한평생 돌보며 사랑의 위대함을 보여주는 성인성녀聖人聖女 같은 사람들이 있다.

생명을 과학으로만 받아들이기 시작하면, 사람의 가치는 사랑의 대상이 아닌 사고파는 물건의 수준으로 떨어진다.

판도라 상자와 생명공학자

  사람들은 세상 살기가 힘든 사람한테 희망을 포기해서는 안 된다며 그리스 신화 〈판도라 상자〉 이야기를 들려준다.
  제우스는 매혹적이고 아름다운 판도라에게 상자 하나를 주면서 절대 열어보지 말라고 경고하지만 호기심 많은 판도라는 상자를 열어본다. 그 순간 생각지도 않은 탐욕·중상·허영·슬픔·질병·가난·전쟁·증오·시기·살인과 각종 범죄·분노·절망 같은 온갖 불행이 상자 안에서 쏟아져 나왔다. 감당할 수 없는 일을 저지른 판도라가 더 큰 불행을 막기 위해 얼른 뚜껑을 닫아 희망만은 빠져나오지 못한다. 고통스런 나날 속에서도 희망이 있기에 이 세상은 살아볼 만하다는 〈판도라 상자〉 이야기다.

  삼라만상이 잘 돌아가는 데는 그만한 이치가 있기 때문이다. '도道'라고도 부르는 '이치'가 균형을 잘 이루어야, 다툼 없고 고통 없는 더 나은 세상으로 나아간다.
  부부, 형제, 이웃, 나라와 나라, 자연과 인간 사이에는 지켜야 하고 존중해야 하는 선이 있다. 그 경계를 넘어설 때 인간은 판도라 상자에서 쏟아져 나오는 탐욕·허영·슬픔·질병·가난·증오 같은 온갖 고통과 맞닥뜨리게 된다.

　현대과학자들은 복제기술, 체외수정, 대리모, 배아줄기세포를 이용한 생명조작 기술을 통해 생명의 판도라 상자를 열어버렸다. 생명과학 때문에 생명 질서가 무너지는 세상이 되었다.
　10년 전 대구 어느 성당에서 환경 강의를 했다. 환경호르몬 때문에 늘어난 불임 부부가 아기를 갖고 싶은 열정에 체외수정을 많이 하고 있지만 천주교에서는 체외수정을 금지한다는 내용이었다. 강의가 끝난 뒤 한 여인이 내 주위를 빙글빙글 돌더니 용기를 내서 말을 건넸다.
　"신부님, 제가 바로 그 죄악을 저지른 사람입니다."
　순간 나는 당황했다. 내 강의를 들으며 얼마나 괴로웠을까? 그런데 여인의 말은 의외였다.
　"신부님! 제가 체외수정을 여러 번 실패했습니다. 한 아기를 얻고자 태아 넷이 죽었습니다. 저는 네 번의 실패로 죽은 아기들을 생각하면 지금도 마음이 괴롭습니다."

　요즘 생명의 판도라 상자를 열려고 하는 움직임이 세계적으로 활발하다. 서울대학교 생명공학 교수팀은 여성들이 기증한 난자로 절대 해서는 안 되는 실험을 했고 정부도 지원을 아끼지 않았다. 대한민국 전체가 판도라가 되어 생명 상자를 열려고 안간힘을 썼다.

몇 해 전 서울대학교 교수팀은 세계 최초로 '스너피'라는 개를 복제하는 데 성공해서 세상을 놀라게 했다. 과학자들은 사람을 복제하고 싶은 욕망이 목구멍까지 차올라 있지만 윤리문제 때문에 공공연히 복제하겠다고 덤비지 않을 뿐이다.

미국에서는 이미 '이브'라는 복제인간 탄생을 발표하기도 했다. 현대과학자들은 복제양 돌리 탄생을 시작으로, 넘어서는 안 될 선을 넘었다.

생명과학자들은 윤리문제가 없는 성체줄기세포를 가지고도 거부반응 없이 인간에게 필요한 모든 장기를 만들 수 있다고 말한다. 대한민국 국민들은 환자 맞춤형 배아줄기세포 실험이 성공하면 1년에 300억 달러나 되는 경제적 혜택을 누린다는 유혹에 빠져 인간 생명 질서를 어떻게 유지해야 건강한 사회가 될 수 있는가에 대한 질문을 외면해 버렸다. 선진국에서는 우리보다 훨씬 나은 연구 결과물을 갖고 있지만, 여성의 자궁에 치명적인 손상을 입힐 수 있는 난자 적출과 생명윤리 문제 때문에 연구를 진행하는 속도가 더디다. 그런데 우리는 돈을 많이 벌 수 있다는 이유 하나로 과학자·정부·언론·국민이 모두 손을 잡고 윤리문제를 외면했다.

2006년 11월 황우석 사태가 벌어지기 전, 한국천주교주교회의에서 주교님들이 황우석 교수가 벌이고 있는 실험은 윤리 검증이 필요하다고 성명서를 발표했을 때 96퍼센트에 이르는 네

티즌과 수많은 언론사가 비난했다. 성명서 발표 후 1년도 지나지 않아 황우석 교수 사건이 터지고 국가는 공황에 빠졌다.

우리는 과거에 비해 의학과 과학의 혜택을 마음껏 누리고 산다. 100년 전보다 평균수명이 무려 40년이나 늘어났다. 100년 전에는 평균 46세까지도 살지 못했는데 지금은 평균 수명 100살을 바라본다. 인간이 오래 사는 것은 축복이지만 80살이 넘어 수족을 쓰지 못하면서 병석에 누워 병원을 들락거린다면 결코 축복이 아니다.

오래 산다고 정말 행복한가? 아니다. 더 많은 사람이 자살하고, 밤거리에 나가기가 무섭고, 서민들이 좋은 자리에서 장사하려면 이 사람 저 사람에게 합당치 않은 돈을 상납해야 하고, 그들을 만족시키지 못하면 쫓겨나야 한다. 돈을 많이 벌든 그렇지 않든 모두 다 스트레스 속에서 산다.

인권을 유린당한 채 수많은 사람이 철로에 뛰어들고, 한강에 뛰어든다. 노년을 여유롭게 살 정서적 여유와 재산이 없다면 오래 사는 것 자체가 고역이다. 인간에게 필요한 가치는 복제한 인간 장기를 이식받아 100년 또는 200년 더 사는 일이 아니고, 사는 동안 얼마나 행복하고 의미 있는 삶을 누리느냐 하는 것이다.

효孝는 사라졌고, 외로운 노인들이 고독 속에서 자살한다. 노인 자살률이 경제협력개발기구 국가 가운데 1위다. 자식은 늙은 부모를 길거리에 내다 버린다. 단지 오래 사는 것만이 행복의 척도는 아니다.

우리가 사는 세상은 컴퓨터나 반도체, 줄기세포보다도 소중한 가치가 있다. 영혼이 있고, 철학이 있고, 마음을 움직이는 시가 있고, 온몸을 전율케 하는 음악이 있다. 가슴 두근거리는 사랑이 있고, 예술이 있다. 자연의 신비함에 사로잡혀 살 수 있고, 우주의 오묘한 조화에 감탄하며 하느님을 찬양하는 영적인 삶을 살기도 한다. 아울러 죽음이라는 한계를 통해 자신의 삶을 소중하게 가꿀 줄 알고, 죽음을 통해 하느님과 일치를 이룰 수 있는 존재가 인간이다.

　진리를 추구하는 삶은 온데간데없고 그저 오래 사는 문제에만 매달린다면 얼마나 슬픈 일인가? 과학이 열고자 하는 미래는 지금보다 더 높은 가치가 있는 세상이어야 한다. 생명과학만이 우리가 살 길이라고 외쳐대면서 생명을 파괴하는 길로 들어서서는 안 된다. 우리나라 생명과학자들이 판도라 상자를 열게 해서는 안 된다.

상상임신

개들이 많은 생태마을은 늘 시끄럽다. 개들이 짖어대어 시끄러운 게 아니라 그 녀석들이 만들어 내는 이야기 때문에 시끄럽다.

평창 생태마을에는 개가 여섯 마리 있다. 수컷으로 말라뮤트 종인 호동이, 그레이트 피레니즈 종인 장군이가 있다. 이 두 놈이 얼마나 큰지 앞발로 내 어깨를 짚고 얼굴을 핥으면 내 몸이 휘청거릴 정도다. 앞발을 들고 선 키가 1미터 70센티미터는 족히 된다. 호동이는 잘생긴 사자 같다. 개로서는 드물게, 먹는 음식을 가지고 싸우지 않는 선비 같은 개다. 반면 한 성질 하는 장군이는 자기 밥그릇에 입을 대는 놈이 있으면 온몸이 피투성이가 될 때까지 싸운다. 개지만 성격이 개 같다. 그래서 장군이는 마누라 하나 없이 따로 떨어져 독방에서 감금상태로 외롭게 밥을 먹는다.

암컷으로는 호동이 본부인인 호순이와 그 뒤를 잇는 삼순, 복순이가 있고 분당 요한 성당에서 쫓겨온 샬롬도 있다. 잘생기고 사랑 많고 예의바른 호동이 주위에는 호동이를 지극 정성으로 사랑하는 중전마마 호순이가 있고, 중전인 호순이 눈치 보느라 호동이 곁에 얼씬도 못하고 임을 그리며 젊은 세월을 보내는 암컷들 세 마리가 한울타리 안에서 산다.

왼편이 사자같이 잘생긴 호동이, 오른편이 양귀비 뺨치게 예쁜 호순이.

호순이는 호동의 본부인답게 아름다움도 뛰어나다. 양귀비가 울고 갈 정도로 고른 털과 하얗고 뽀얀 피부와 늘씬한 몸매를 자랑하는 슈퍼모델 급이다. 아름다움과 힘을 갖추었을 뿐 아니라 텃세까지 부리는 호순이와 맞설 암컷은 없다. 호순이의 질투는 하늘을 찌르기 때문에 자랑스러운 낭군인 호동이가 조그맣고 초라해 보이기까지 하는 잡종 개를 따라다니는 꼴을 못 본다. 혹시라도 삼순이, 복순이가 호동이 곁에 다가가기라도 하는 날이면 호순이가 이빨을 드러내고 삼순이와 복순이를 물어

뜯어 비명 소리가 온 생태마을에 울려 퍼진다.

삼순, 복순이가 암내를 낼 때는 집안의 평화를 위해 호순이를 개장 밖에 묶어놓을 수밖에 없다. 호순이 때문에 삼순, 복순이에게 다가가지 못하던 호동이는 호순이가 다른 암캐한테 손을 쓸 수 없으면 곧바로 눈을 돌려 사랑을 나누는데 그때마다 삼순이와 복순이는 어김없이 임신한다. 호동은 자기 새끼를 밴 삼순과 복순이가 기특한지 우리 안에서 암컷들을 품에 안고 잠을 자고, 그 모습을 바라보는 호순이는 이리 뛰고 저리 뛰며 야단이다. 그래도 어쩌겠는가? 집안의 평화를 위해 호순이를 묶어놓을 수밖에.

샬롬이라는 암컷 한 마리가 더 있긴 하지만, 아무 문제 없다. 이미 이사 온 첫날부터 호순이가 쥐 잡듯이 잡아 샬롬 다리를 분질러 놓았기 때문이다. 처음부터 기가 죽은 샬롬은 호동이한테 다가갈 꿈도 꾸지 않았다. 샬롬은 호순이가 무서워 개장에서 쥐 죽은 듯이 지냈다.

샬롬 이야기를 좀 더 하자면, 분당 요한 성당에서 한상호 신부님이 키우던 개인데 아주머니 한 분이 샬롬이 싼 똥에 미끄러져 다리가 부러졌다. 그 바람에 괘씸죄에 걸려 살기 좋고 땅값 비싸다는 분당 요한 성당에서 쫓겨나 강원도로 유배 오게 된 슬픈 사연을 지닌 견犬이다.

샬롬은 품성이 좋은 뉴펀들랜드 종이다. 사람 좋아하고 말을 잘 듣기에 생태마을 식구들은 샬롬을 좋아했는데, 호동이 견해는 사람과 달랐다. 머리끝부터 발끝까지 완전히 새까만 샬롬에게 호동이는 별 관심이 없었다. 다른 암컷들하고는 다정하게 사랑도 잘 나누는데, 샬롬에게는 눈길 한번 주지 않았다.

그런데 어느 날부터인가 샬롬 젖이 커지기 시작했다. 개는 임신한 지 60일이 되면 새끼를 낳는다. 배가 점점 불러오는 샬롬이 해산할 장소를 찾으려는 듯 자꾸만 개집 밖으로 나와 자리를 찾아 돌아다녔다.

호동이와 샬롬이 사랑 나누는 꼴을 본 적이 없는 생태마을 식구들은 샬롬이 임신한 사실을 믿으려 하지 않았지만, 출렁거리는 젖통을 보건대 새끼를 곧 낳을 기세였다. 중전인 호순이와 씨를 뿌린 호동이는 눈 쌓인 밭으로 거처를 옮기고 샬롬에게는 특별 궁을 꾸며주어 출산 준비를 했다.

밤마다 신음소리를 내며 젖통은 점점 커지는데, 이상하게도 새끼 소식은 없었다. 일주일이 지난 어느 날 수원 상촌 성당에서 환경교육을 받으러 오신 분들과 떼제 기도를 하고 밤 11시가 되어 토담집으로 내려가는데 샬롬이 개집을 빠져나와 내 품으로 파고들었다. 나를 바라보는 눈빛이 그렇게 애처로워 보일 수가 없었다.

샬롬이 출산을 한다는데도 바쁘다는 핑계로 한 번도 들여다보지 않고 말 못하는 짐승이라고 너무 함부로 대했나 싶어 사제관의 따뜻한 보일러실로 데려가 스티로폼 위에 이불을 깔아주었다. 보일러실에 자리 잡은 샬롬은 밤새 산통을 겪는지 신음소리를 냈다. 진통 소리에 도통 잠을 이룰 수가 없어 새벽녘에 나가보면 샬롬은 애절한 눈빛으로 나를 바라보면서 자기 젖을 핥았다. 방으로 다시 들어와서 샬롬의 신음소리를 들으면서 선잠이 들어 꿈을 꾸었는데, 샬롬이 새끼를 낳고 내가 새끼를 받는 꿈이었다.

다음 날 아침에 보니, 샬롬은 새끼 낳을 생각은 하지 않고 여전히 자기 젖만 핥고 있었다. 순간 새끼들이 잘못됐구나 하는 생각이 들었다. 혹시 배 안에서 유산된 것은 아닐까 걱정하며 직원을 시켜 동물병원에 데리고 갔다 오라고 부탁했다.

아침 강의를 마치고 서둘러 직원을 찾아 어떻게 되었느냐고 물었더니, 동물병원 두 곳을 다녀봤는데 두 곳 다 상상임신이라고 했단다.

"아니, 개들도 상상임신을 하나?"

"가끔 개들도 새끼를 너무 갖고 싶으면 상상임신을 한다고 그러드래요."

며칠 동안 잠도 못 자고 속은 것을 생각하니 그만 울화통이 터져, "내 이년을 가만두지 않을 거야!" 하는 말이 저절로 입에서 튀어나왔다. 직원들이 말렸다.

"신부님! 오죽했으면 상상임신을 했겠어요? 호동이한테 얼마나 사랑을 받고 싶었으면 그랬겠어요!"

호르몬 분비가 지나치게 많아지면 개들도 상상임신을 한다지만 샬롬이 그러리라곤 생각지 못했는데 직원들 말을 들으니 그런 것도 같다.

상상임신이라는 사실이 밝혀지고 난 뒤 샬롬은 더 이상 밤에 신음소리도 내지 않고 아주 조용히 개집 한쪽 귀퉁이에서 참회의 시간을 보냈다. 신기하게도 그렇게 부풀었던 젖통이 하루 만에 쪼그라들어 볼품이 없어졌다.

6
먹을거리

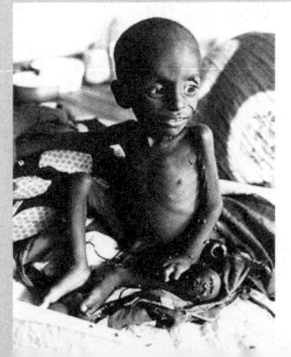

쌀

국내 농산물시장을 외국 기업에게 개방한 우루과이라운드협정과 미국과의 자유무역협정(FTA) 조약 체결을 지켜보자니 우리 농업과 농토를 지키지 못한 정책 결정권자들에게 화가 난다. 정치인들이 농업을 어떻게 생각하고 있는지 궁금할 때가 많다.

한국 사람들은 서울대학 입학이 삶의 최종 목적인 것처럼, 태어나자마자 너 나 할 것 없이 공부에 매달린다. 수많은 젊은이가 치열하게 공부해서 명함 내밀기 좋고 돈도 많이 버는 화려한 직업을 갖기를 원한다. 책상머리에 앉아 오로지 공부만 해서 사법고시, 행정고시 합격해 이 사회를 움직이는 관리직에 오른 사람들 가운데 봄에 씨 뿌리고, 여름에 허리가 끊어지는 아픔 속에서 땀 흘리며 김매고, 기쁨과 희망에 들떠 가을걷이하는 농부들의 삶을 제대로 이해하는 이들이 얼마나 될까?

대부분 현대인은 식탁에 오르는 양식이 어디서 어떻게 무슨 사연을 지니고 오는지는 알 바 없고 배만 부르면 된다는 식이다. 요즘 젊은이들은 대기업 아니면 취직도 하려 들지 않고 힘들고 더럽고 위험한 일을 싫어한다지만, 수많은 직업 가운데 농사만큼 거룩하고 중요한 직업이 어디 또 있을까 싶다.

고려시대 대문장가 백운거사 이규보(李奎報, 1168~1241)의 햅쌀을 위한 노래인 '신곡행新穀行'이라는 시 한 편을 살펴보자.

> 한알 한알을 어찌 가벼이 여길 것인가
> 생사와 빈부가 여기에 달렸는데
> 나는 부처처럼 농부를 공경하노니
> 부처도 못 살리는 굶주린 사람을 농부만은 살린다네.
> 기쁘다 늙은 이 몸
> 또다시 금년 햅쌀 보게 되니
> 죽더라도 부족할 것 없네!
> 농사에서 오는 혜택 내게까지 미치는 것을.

우리 쌀을 포기하고 외국 자본시장 쌀을 들여오려는 정치인들은 생명을 지켜주는 쌀의 귀함을 깨달아 '부처처럼 농부를 공경'하는 이규보의 지혜를 깨달아야 한다. 9백 년 전 동국東國의 시호詩豪요 시성詩聖으로 불린 이규보는 놀라우리만치 깊은 통찰로, 쌀이 인간에게 얼마나 소중한지 깨닫지 못하고 쌀을 포기하려는 후손들을 일깨운다. 부처도 못 살리는 굶주린 사람을 농부는 살린다고 말하는 이규보는 쌀 한 톨 한 톨이 곧 우리 생명과 직결되어 있음을 잘 표현했다. 우리나라 국가 살림살이를 꾸려가는 정치인들도 농부를 부처님처럼 존경해야 한다.

우리가 성군聖君이라고 부르는 임금들은 하나같이 백성을 굶주림에서 건져주었다. 세종대왕은 통치기간(1418-1450)에 소빙하기小氷河期에 접어든 지구 날씨로 흉년이 들어 백성 가운데 27퍼센트가 굶주리자 개간사업을 전개해서 식량 문제를 해결했다. 10년이나 계속되는 흉년의 고통을 백성과 함께 나누고자 경회루 옆에 초가집을 짓고 2년 동안 살기까지 했다. 세종대왕은 '백성은 나라의 근본이요, 밥은 백성의 하늘이다.' 하면서 물시계인 자격루와 천문을 관찰하기 위한 혼천의·간의·측우기를 발명했다. 세종대왕은 과학 영농에 조정의 모든 역량을 집중했다. 다른 임금들은 기껏해야 3십만에서 5십만 석 정도 비축한 데 비해 세종대왕은 자신의 통치 기간 중 국가 비축 곡식을 최고 5백만 석까지 확보했다.

정조대왕은 백성이 굶주리자 '나의 한결같은 근심은 오직 백성들이 먹는 양식이다.' 하며 농업용수 확보를 위해 수원에 인공호수를 축조했다. 정조임금이 만든 서호西湖는 한국 농업 연구의 핵심이 되어 지금은 농촌진흥청 건물과 연구소가 있다. 국민들이 태평성대라고 부를 때는 식량이 풍부할 때였다.

국내 농업시장을 포기하는 현대 정치인들은 대왕 칭호를 들을 만한 자격이 없다. 독재정치를 했지만 지긋지긋한 보릿고개를 없앤 박정희 대통령이 그나마 역사의 높은 평가를 받지 않을까 싶다. 농자천하지대본農者天下之大本이라고 하지 않는가? 농부는 천하를 이루는 근본이요 기초다. 그런데 농사도 무시하고 농부도 귀하게 여기지 않는다.

농토가 절대 부족한 이스라엘 사람들은 평지에는 곡식을 심어야 하기 때문에 아파트를 짓지 않는다. 이스라엘은 지금도 네게브 사막에 2미터 간격으로 나무를 심어가며 물 확보를 해서 모래 언덕을 밀과 올리브밭으로 바꾸는 일을 진행한다. 이런 피나는 노력 끝에 이스라엘 식량 자급률은 무려 95퍼센트다. 프랑스도 예술의 나라지만 어찌 보면 농업을 더 중요하게 여기는 나라로 곡물 자급률이 173퍼센트다. 호주는 곡물 자급률이 197퍼센트이고 미국은 150퍼센트, 캐나다도 143퍼센트나 된다. 경제협력개발기구 국가들의 곡물 자급률 평균은 110퍼센트다.

우리나라는 1년에 2천만 톤의 양식을 먹는데도 우리 땅에서 생산하는 식량은 겨우 6백만 톤 정도다. 식량 자급률이 30퍼센트도 안 된다. 석유 수입 세계 5위 국가인 우리나라는 곡물 수입도 세계 5위다. 가장 중요한 에너지와 식량을 거의 전부 수입에 의존하는 불안정한 경제구조를 가지고 있다.

산본·평촌·분당·일산·동탄 신도시는 원래 수도권 사람들에게 신선한 먹을거리를 제공하던 곡창지대였다. 그런데 지난 20년간 정치인들은 이들 농토를 불도저로 밀어내고 고층 아파트를 다닥다닥 지어 서울로 몰려드는 사람들에게 분양했다. 농토를 잃어버린 서울·경기 지역 주민들은 이제 강원도나 충청도같이 더 먼 거리에서 먹을거리를 구해 올 수밖에 없다. 앞으로 한미무역협정 때문에 우리나라 자체 농업을 포기하게 된다면 더 먼 거리인 미국에서 생산되는 먹을거리를 수입할 수밖에 없다. 먼 거리에서 먹을거리를 구하면 반드시 농약 잔류량·항생제·방부제·표백제로 인한 피해를 보게 된다.

이스라엘이 버려진 땅이고 사막과 광야로 둘러싸인 나라인 줄 알았는데 막상 성지순례를 통해 둘러본 이스라엘은 놀랍도록 농지 정리가 잘 되어 있었다.

　나라와 나라 사이에 벽이 허물어진 신자유주의 시대를 살면서 다른 나라와 담을 쌓고 살 수는 없다. 1994년 체결되어 2004년부터 시행된 우루과이라운드협정 때문에 드넓은 땅에서 생산하는 외국 쌀을 수입하는 일은 피할 수 없는 국제 현실이 되었다. 값싼 외국 농산물이 대량으로 우리 먹을거리 시장을 밀고 들어오니 농사지을 땅과 농부들이 사라질 것은 불 보듯 뻔하다. 지금도 농사짓는 농부의 비율은 7.5퍼센트에 지나지 않고 그나마도 60세가 훨씬 넘은 나이 많은 농부가 대부분이다.
　컴퓨터와 텔레비전을 잘 만들고 대형 선박을 잘 만든다 해도 컴퓨터와 텔레비전과 선박을 씹어 먹고 살 수는 없다. 백성은 밥을 하늘로 삼고 산다는 세종대왕의 말은 맞는 말이다.

앞으로 45년 뒤에는 중국 쌀 생산이 80퍼센트 줄 것으로 월드워치 연구소는 내다본다. 실제로 중국은 지난 10년 사이 곡물 생산이 10퍼센트 줄었다. 중국이 미국과 캐나다에서 식량을 수입하면 지구촌 곡물 값은 치솟을 수밖에 없다. 실제로 중국은 미국에서 연간 5천만 톤이나 되는 식량을 수입하기 시작했다. 곡물 5천만 톤이면 북한 주민이 10년 동안 먹고살 식량이다. 2007년부터 세계 쌀 재고량이 줄었고, 2010년에는 세계적으로 1억 톤이 부족했다. 3억 명이나 먹을 쌀이 부족하면 곡물 값은 석유 값과 함께 하늘 높은 줄 모르고 뛸 게 분명하다. 2012년 현재 곡물 값은 30퍼센트에서 100퍼센트까지 올랐다.

농사를 가벼이 여기다가는, 비싼 돈을 들여 석유를 수입해서 에너지원을 충당하듯이 쌀도 많은 돈을 들여 수입해서 국민들을 먹여 살려야 하는 일이 벌어질 것이다.

2004년 한 가마에 18만 원 하던 쌀이 2005년에 16만 원으로 떨어졌고, 2006년에는 급기야 14만 원까지 떨어졌다. 수입쌀은 우리 쌀에 비해 3분의 1이나 2분의 1 가격으로 들어오기 때문에 우리 쌀값을 떨어뜨린다. 서민들은 쌀값이 내려 당장 숨통이 트일지 모르겠지만, 농촌이 다 망가질 10년 또는 20년 뒤에는 지금보다 열 배 더 비싸게 수입할 것이고, 이 땅에서도 굶어 죽는 사람이 생길 것이다.

2008년 필리핀에서는 미얀마를 덮친 사이클론 나르기스와 호주 가뭄의 영향으로 쌀이 모자라 폭동이 일어나기도 했다. 미국에서 쌀을 수입하려 하자 미국 곡물회사는 기존 쌀값의 여섯 배

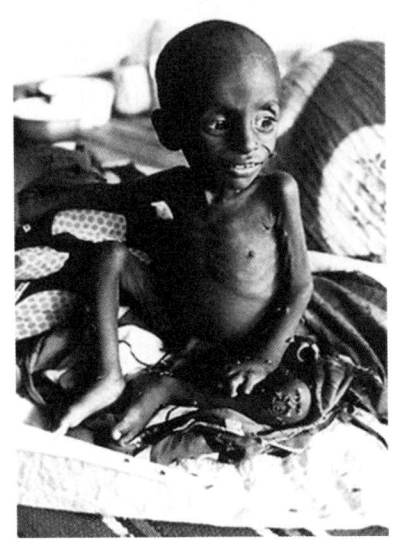

30년 동안 가뭄으로 시달린 에티오피아의 어린이 모습. 지금도 날마다 2만 8천 명의 어린이들이 굶어 죽는다. (사진 성남훈)

나 높은 가격을 불렀다. 식량 강국이었던 필리핀은 50년 전 아시아의 4마리 용 가운데 하나였지만 국가 역량을 쌀농사에 집중하지 않고 산업 발전에 치중한 나머지 지금은 매우 가난한 나라로 전락했다. 미국과 자유무역협정을 맺은 멕시코는 넓은 농토를 가지고 있음에도 미국 곡물 시장에 밀려 2천만 명이 영양실조에 시달리고 있다.

우리 식량 자급률은 30퍼센트가 채 안 되지만 쌀만은 자급률이 100퍼센트다. 식량 사정이 불안하긴 하지만 쌀만은 우리나라를 지탱해 주는 큰 힘이다. 이런 쌀을 포기해서는 안 된다. 어떠한 일이 있어도 농업을 포기해서는 안 된다.

건강한 먹을거리

　생태마을을 찾는 자매님들과 이야기를 나누다 보면, 소중한 남편과 자녀들이 먹는 먹을거리에 어떤 농약을 뿌리는지 정확히 알고 있는 주부들이 생각보다 많지 않다. 주부들은 상추·오이·토마토·배추가 어떤 과정을 거쳐 식탁에 올라오고 식구들 건강에 어떤 나쁜 영향을 끼치는지 모르는 채 밥상을 차린다.

　어머니인 땅과 아버지인 하늘의 도움과, 농부가 흘리는 땀이 어우러져 자라난 먹을거리가 도시인들 식탁에 오르는 과정을 자세히 아는 이들이 얼마나 될까?

　먹을거리 유통과정을 살펴보자!

　빵·국수·라면·짜장면·짬뽕·스파게티와, 가게 진열장에 가득 찬 과자가 모두 밀가루 음식이다. 밀의 99퍼센트는 미국(41퍼센트)과 호주(28퍼센트), 캐나다(26퍼센트)와 그 외 중국에서 수입한다. 미국의 드넓은 들판에 밀씨가 뿌려지면, 밀을 갉아 먹는 벌레를 없애기 위해 엄청난 양의 농약을 뿌린다. 2011년 새크라멘토 초청 강의 때 비행기 아래 펼쳐지는 어마어마한 넓이의 농토를 보고 입이 딱 벌어졌다. 8천 미터 상공을 날고 있는데 2천 미터 상공쯤에서 농약 뿌리는 비행기가 그 넓은 농토에 쉴 새 없이 하얀색 농약을 살포하고 있었다. 한국으로 수출하는 쌀을 키우는 농토라는데!

살충제도 모자라서 이제는 잡초를 없애기 위해 제초제를 뿌린다. 벌레를 잡는 농약보다 더 무서운 약이 제초제다. 농민들은 농약 먹고 자살하는 사람은 살려도 제초제 먹고 자살하는 사람은 못 살린다는 이야기를 한다. 병원에서도 '농약을 먹었느냐? 제초제를 먹었느냐?' 물어보고 농약을 먹었다면 위세척을 하는데 제초제는 살아날 가망이 없기 때문에 응급실 한 귀퉁이에 그냥 뉘어둔단다. 베트남 전쟁에서 월맹군이 밀림에 숨지 못하도록 나뭇잎과 풀을 말리기 위해 뿌린 노란 빛깔을 띤 제초제가 각종 암을 유발하고 난치병의 원인이 되어 수많은 군인들을 죽음으로 몰아넣었다.

미국 농민들은 농약과 제초제로 뒤범벅된 밀밭에 밀이 익으면, 기계로 수확해서 미국 북동부 보스턴 항으로 보낸다. 이제 밀은 한국을 향해 기나긴 여행을 시작한다. 이 여행의 최대 장애물은 섭씨 40도를 넘나드는 파나마 운하를 지나는 뱃길이다. 뜨거운 적도 파나마를 지나는 배 안 창고 온도는 50도가 넘는 찜통이다. 이 찜통 안에서 밀이 썩을 수 있기 때문에 이를 막기 위해 엄청난 양의 방부제를 뿌린다. 우리밀살리기 운동본부에서 농약을 친 수입밀과 농약을 치지 않은 우리밀을 각각 다른 병에 담아 살아 있는 벌레를 넣어보았는데 수입 밀가루를 담은 병의 벌레는 몇 시간 안에 다 죽었고 우리밀에 넣은 벌레는 며

칠이 지나도 살아 있었다.

　주부들은 '신부님, 수입밀에서는 10년이 지나도 바구미가 생기지 않아요!' 하고 말한다. 바구미가 생기지 않는 밀에는 생명이 붙어 있을 수 없다. 2,3개월을 여행한 끝에 밀이 부산항에 도착하면 밀 껍데기를 벗기는데, 하얀색을 좋아하는 도시인의 습성을 고려해 도정과정에서 염소 표백 처리를 한다. 전 세계를 돌아다녀 봐도 한국 빵처럼 하얀 빵은 없다.

　위가 썩 좋지 않은 나는 우리나라 빵을 먹으면 소화가 잘 안되고 신물도 올라오기 때문에 빵을 잘 먹지 않는다. 그런데 그리스, 터키를 10일간 성지순례하면서 어쩔 수 없이 빵을 먹게 되었다. 10일 동안 빵만 먹었지만 오히려 밥 먹을 때보다 소화가 더 잘 되어 나 자신도 놀랐다. 터키는 돈이 없어 밀밭에 농약을 뿌리지 않는단다. 빵도 밀을 바로 빻아서 굽기 때문에 어떤 화학 첨가물도 들어가지 않는다. 농약 친 밀가루를 먹는 사람들은 참 불행한데 우리나라는 농약 친 밀 99퍼센트를 수입한다.

　전라도에 귀농하신 어떤 분은 뒷간(화장실) 구더기 없애는 데 수입 밀가루를 분뇨 통에 넣으면 구더기들이 농약에 찌든 밀가루를 견디지 못하고 피난 간다는 경험을 글에 싣기도 했다.

　주부들은 농약으로 뒤범벅이 된 수입 밀가루로 음식을 만들어 사랑하는 가족들에게 먹인다. 더욱이 아이들이 즐겨 먹는 과자는 농약으로 키워낸 밀에 제조업자들이 몸에 안 좋은 발색제·안정제·안식향산나트륨·착색제·아질산나트륨 같은 첨가제를 넣어 진공 팩이나 비닐에 포장해 유통기한 6개월에서 1년 이상이라는 표시를 붙여 진열장으로 내보낸다. 그러면 아이들은 향도 좋고 색깔도 예쁘게 제조된 오염된 먹을거리를 기분 좋게 집어든다. 2차 가공식품업자들은 소비자를 유혹해야 하기에 온갖 인공 첨가물을 섞을 수밖에 없다.

이제 콩의 유통과정을 보자! 우리나라 전통음식인 두부·콩나물·된장·청국장·고추장을 만드는 콩의 85퍼센트를 수입하는데 그 가운데 87퍼센트가 유전자 조작 콩이다. 유전자 조작 콩은 4억 1천만 달러, 옥수수는 22억 달러어치를 수입해 사료, 전분, 전분당 제조용으로 쓴다. 미국산 옥수수의 86퍼센트가 유전자 조작으로 생산되는데 미국 환경보호청은 해충에 강한 옥수수에 포함된 특정 단백질이 소화에 문제가 있을 뿐 아니라 알레르기를 일으킬 가능성이 있어 옥수수를 식용이 아닌 사료용으로만 판매하도록 허가했다. 된장이 한국 전통 건강발효식품이라고 자랑하지만 원료는 수입품이다. 속 알맹이는 미국산, 브라질산 콩이고 옷만 한국산 된장으로 갈아입은 기형적 식품이다. 김치도 중국산 배추와 고춧가루로 가공해서 판매한다. 고추장·된장·간장도 깡통이나 비닐 팩에 넣어서 판매한다. 장독대가 사라진 지 오래다. 식당에서 삼겹살을 먹을 때 누런 된장에 찍어 먹는데 된장이라기보다는 조미료 덩어리라고 해도 지나친 말이 아닐 게다. 진정한 된장 맛을 아는 사람은 식당에서 내놓는 된장 맛이 얼마나 역겨운지 안다.

오랜 시간 동안 항아리에서 맑은 공기와 햇볕을 쬐면서 삭힌 된장은 거무튀튀한 색깔을 띠며 깊고 구수한 맛이 난다. 남도 지방 된장은 누런색을 띠기도 한다. 된장 맛과 색깔은 집집마다 다르다. 하지만 식당에서 삼겹살 찍어 먹는 된장 맛을 생각해 보자! 어느 음식점이나 똑같은 색깔과 똑같은 맛이다. 콩이 공장에 들러 변신한 된장은 하나같이 달짝지근하고 느끼한 맛이다. 된장뿐 아니라 김장 때 쓰는 젓갈에도 화학조미료를 넣는다. 화학조미료가 들어가지 않은 가공식품은 찾기가 어렵다.

국제 무역에서 전면 개방하는 소고기나 돼지고기를 한번 살펴보자. 소고기는 국내 소비량의 50퍼센트를 수입한다. 평창에 있는 갈빗집들은 축협에서 경매를 받아 평창 한우 고기만 팔기 때문에 조금만 늦은 시간에 가도 고기가 다 떨어졌다고 말한다. 그런데 도시에서는 엄청나게 많은 사람이 수많은 음식점에서 한우 고기라며 밤늦도록 구워 먹는다. 도시 사람들이 먹는 소고기의 반은 수입 고기다. 식약청에서 음식 표시제 확인 단속만 하면 당장 음식점 몇백 곳이 표시 위반 업소로 드러난다.

온 국민이 다 좋아하는 삼겹살은 무려 16개 나라에서 냉동 고기로 수입한다. 특히 벨기에서 가장 많이 수입한다. 돼지 한 마리를 100킬로그램으로 치면 우리나라 국민은 1년에 1,500만 마리를 먹는데 그 가운데 500만 마리가 수입 돼지다.

돼지고기의 진짜 문제는 가공식품으로 변할 때다. 무더운 여름철 바깥에 하루만 놔두어도 상해 버리는 돼지고기가 유통기한 6개월이나 1년이 지나도 썩지 않고 슈퍼마켓 진열장에 그대로 있다. 물론 냉동도 하고 소금으로 간을 해서 썩지 않는다고 하지만, 2차 식품으로 가공한 햄과 소시지는 건강에 해롭다.

짠 햄을 먹는 사람들이 위암에 걸릴 확률은 보통 사람보다 30
퍼센트나 높다.

또 햄이나 소시지에는 사람 코를 자극하는 많은 양의 향신료
가 들어 있는데 이러한 물질들이 아토피나 정서불안 증세를 일
으킨다. 그런데도 온갖 첨가물이 들어간 가공 돼지고기를 부의
상징인 것처럼 착각하면서, 돼지의 잡다한 부위의 고기를 모아
발색제를 넣어 똑같은 색깔로 먹음직스럽게 위장해서 만든 소
시지나 햄을 아들딸에게 먹이는 엄마들이 있다.

닭 소비량도 만만치 않은데 우리나라 사람들이 1년에 평균
열 마리 정도 먹는다. 닭 한 마리를 1킬로그램으로 치면 1년에
5억 마리나 되는 닭을 먹는데 수입 닭은 7천만 마리에 이른다.

음식물에 넣는 또 다른 복병은 방부제다. 방부제를 넣으면 6
개월이 지나도 썩지 않는다. 밀가루로 만든 음식들은 그나마 사
정이 나을 수 있다. 과자보다 더 걱정스러운 음식은 육류와 어
류 같은 2차 가공식품이다. 이런 2차 가공식품에는 아질산나트
륨처럼 건강에 좋지 않은 첨가제를 많이 사용할 수밖에 없다.

이제 비닐 팩에 포장해서 파는 음식은 가공식품뿐 아니라 밥,
심지어 각종 찌개거리까지 있다. 이런 음식을 먹는 아이들이 내
분비계 교란, 아토피, 정서불안, 당뇨병에 걸리지 않으면 오히
려 이상하다. 해산물도 마찬가지다. 수입산이 흘러넘친다. 중
국 사람들은 게나 생선의 무게를 늘리려고 납까지 넣어 판매했
다. 시장에서 국내산이라고 표시한 해산물이 아니면 대부분 수
입산이라 생각하면 된다.

현대는 요지경 세상이 되어 흙냄새를 맡을 수 없는 도시 사람들이 농촌 사람들보다 더 다양한 먹을거리를 손쉽게 구매한다. 슈퍼마켓이 곧 논이고 밭이며, 축사요 비닐하우스다. 대량 생산과 대량 소비 시대에는 농토에서 자란 식품을, 공장에 들러 가공한 다음에야 소비자에게 판매한다.

농토와 바다, 축사에서 생산한 식품이 원래 모양 그대로 소비자에게 전달되면 참 좋겠는데, 농수산물들이 공장을 거치면서 첨가물과 코팅 과정을 통해 본래 영양가와 모양은 사라지고 전혀 다른 모습으로 소비자들에게 전달된다. 가공식품들은 식품 본래의 영양가는 없애버리고, 인공으로 만든 향신료·색소·화학조미료(MSG)를 넣어 보기 좋고, 냄새 좋고, 입맛 당기게 만들어 아무것도 모르는 도시 사람들을 유혹한다.

생태마을에서는 해마다 '건강한 먹을거리'라는 주제로 가족 피정을 한다. 피정 때 가족이 함께 밭에서 난 원료를 가지고 직접 음식을 만들어 먹는다. 식구들은 1차 식품을 재료로 써서 직접 만들어 함께 먹는데 두부 하나 만들면서도 신기해하고 행복해한다. 부모들은 먹고살기 바쁘다고 자녀와 함께 놀아줄 시간도 없고 정성스럽게 음식을 만들어 주지 못해 미안한 마음에 피자나 햄버거를 사주는데 자녀를 두 번 죽이는 행동이다.

가족이 생태마을에 와서 콩을 직접 갈아 콩 국물과 비지를 나누고, 비지는 김치 넣고 찌개해서 먹고, 콩 국물에는 간수를 풀어 순두부가 되면 삼베로 싸서 틀에 넣고 꾹 눌러 따끈한 두부로 만들어 먹는 모습에는 생명이 깃들어 있다.

영국 공영방송인 BBC에서 가장 행복했던 순간에 대해 어른을 대상으로 설문조사를 했는데, '어린 시절 엄마가 만들어 준 맛있는 음식 먹었을 때'가 1위였다. 나도 어머니가 만들어 주셨던 장떡을 떠올리면 지금도 입에서 군침이 돈다. 호박과 감자를 썰어 넣어 만든 손칼국수를 다시 맛보고 싶어 유명하다는 칼국수 집을 찾아 나서지만 어머니 손맛을 아직도 찾지 못했다.

도시인들 대부분은 곡식이 자라는 논밭을 구경조차 해본 적이 없다. 쌀이 나무에서 자란다고 생각하는 서울 아이들도 많다. 도시 아이들은 봄 끝 무렵 누렇게 익어가는 밀밭을 거닐며 밀 향기에 취하고, 가을 곡식이 익어가는 황금 들녘을 걸을 때의 풍요로움을 느끼지 못한 채 귀중한 밥을 먹는다.

비 온 뒤 호박꽃 꽁지에서 팔뚝만 한 호박이 반짝거리며 쑥쑥 자라는 모습은 보기만 해도 기분 좋다. 오이의 향긋함, 고추의 풋풋함, 상큼한 깻잎 향을 느끼는 것만으로도 군침이 돈다.

그런데 수집상·도매상·소매상을 거쳐 식탁으로 옮겨지면 밭의 신선함과 코를 자극하는 자연의 향은 사라진다. 더욱이 우리가 먹는 농산물의 75퍼센트는 이 땅에서 나는 곡식이 아니고 수입 농산물이다. 우리나라 식량 자급률은 30퍼센트가 채 안 되기 때문에 내 나라에서 나는 농산물만으로는 하루 세 끼 가운데 한 끼도 넉넉하게 먹을 수 없다.

아이들의 건강과 행복을 위해 부모가 자연 재료를 사서 직접 음식을 만들어 먹는다면 세상 사람들이 훨씬 건강하고 행복할 텐데! 가공식품은 말 그대로 억지로 만든 음식일 뿐이다.

나는 무죄다

　나는 몇천 년 동안 한민족을 위해 무거운 멍에도 마다하지 않고 논밭을 갈아주었다. 인간들은 내가 피땀 흘려 갈아놓은 논과 밭에서 난 곡식을 먹고 살아왔다. 그뿐인가! 나는 내 살과 피와 심지어 뼈와 꼬리까지 아낌없이 먹이로 내어 주었다. 아무리 생각해도 나는 잘못한 게 없다. 그런데 왜 나를 도마 위에 올려놓고 몹쓸 병의 진원지로 몰아세워 흉측한 몰골만 부각시키는가? 내 살을 먹고 내 피를 마시면서도 나에게 돌아온 것은 감사는커녕 몹쓸 역병에 걸린 추악한 병든 소 취급이다.

　지금 당신들이 공포에 떨며 촛불 들고 길거리로 뛰쳐나와 함성을 지르는 이유는 내가 아닌 그대들 욕심 때문이 아닌가? 그대들의 탐욕스런 욕심을 채우려고 풀만 먹고 사는 나에게 병들어 죽어간 짐승의 내장과 뼈를 갈아 강제로 먹이지 않았는가?

　나를 빨리 살찌워 한 근이라도 더 팔아먹으려 혈안이 된 장사치들 횡포 때문에 나는 병들었다. 난 미칠 수밖에 없었다. 뇌에 구멍이 나 모든 기능이 마비되어 제대로 걸을 수도, 서 있을 수도, 침을 삼킬 수도 없고, 되새김질을 할 수도 없는 불구가 되어버렸다.

내가 미친 이유는 오로지 인간들 때문이다. 그런 나에게 무엇을 더 바라는가? 난 나 때문에 한반도가 분열되는 일이 없길 바란다. 나와 한민족 간의 인연은 특별하다. 다른 민족들은 나를 놀이 삼아 칼로 찔러 죽이고, 내 위에 올라타 흥분을 즐겼다. 그러나 한민족은 나에게 위안과 희망을 얻으며 고난의 세월을 이겨나갔다. 다른 민족의 소들과 달리 나는 한민족에게 머리끝부터 발끝까지 심지어 내 가죽까지 모든 것을 내어 주었다.

나는 가난한 농부들의 동반자요 후원자였다. 나는 한민족 자식들의 공부 밑천이었다. 내 등 위에 올라탈 자격이 있는 사람은 자연의 이치를 깨닫고 삶을 꿰뚫어 볼 줄 아는 현자라야 했다. 아니면 세상에 찌들지 않은 순수한 아이들만 내 등 위에 탈 수 있었다.

그런 의미에서 한민족은 내가 먹여 키운 내 자식이다. 내 자식들이 나처럼 착한 동반자를 망가뜨리고 미치게 만들도록 원인을 제공한 이민족에게 내가 분노하는 것은 당연한 일이다.

우리의 끈끈한 인연을 무시하는 이민족과 한민족 정치인들에게 분노하는 한민족의 아들딸들에게 감동되어 나는 눈물을 흘린다. 아론이 황금송아지를 만들어 떠받들 때 빼고는 소로 살며 요즘처럼 수치를 당한 일은 없다.

영국과 미국을 포함한 이민족들에게 소는 돈벌이를 위한 고깃덩어리로 보이겠지만 한민족에게 소는 의미가 다르다. 나에게 꼴을 먹여본 적도 없는 한민족의 아들딸들이 촛불을 밝히고 길거리로 뛰쳐나온 까닭을 나는 잘 안다.

　나를 향한 애틋한 애정을 모르는 정치인들과 이권만 챙기려는 이민족들은 한민족 아들딸들의 가슴속에 일고 있는 분노를 깊이 헤아려야 하리라!

　소! 나는 무죄.

　인간! 그대들은 유죄!!!

블레어

블레어는 내 친구다. 날렵하게 생긴 블레어 영국 전 총리와 이름만 같을 뿐 100킬로그램이나 나가는 덩치를 가진 블레어는 캐나다 노총각이다. 2005년 한 해가 저물어 가는 12월 말 나보다 한 살 어린 블레어를 읍내 조그만 목욕탕에서 처음 만났다.

남들은 다 발가벗고 씻는데 이 친구만 반바지를 입고 탕 안에 들어앉아 있었다. 평창 시골 목욕탕 안에서 땀을 빼고 있는 백인이 하도 신기해서 말을 걸었다.

"어느 나라 사람입니까?"

"캐나다 사람입니다."

"캐나다 사람이 이 시골에 무엇 하러 왔습니까?"

"평창중학교 영어 원어민 선생입니다."

"아 그러시군요!"

몇 마디를 주고받은 블레어는 그동안 목욕탕을 쓰면서 궁금했던 물거품 트는 방법, 수중폭포 트는 방법, 사우나 이용하는 방법을 조목조목 물어왔다. 내가 서투른 영어와 손짓 몸짓을 곁들여 궁금해하는 것을 하나하나 설명해 주었더니 블레어는 몹시 고마워하는 눈치였다.

안면을 튼 지 일주일 만에 또다시 블레어를 목욕탕에서 만났을 때 이 친구에게 영어를 배워야겠다는 욕심에 말을 건넸다.

"나는 환경교육 기관에 있는 천주교 신부인데 나한테 영어를 가르쳐 줄 수 있습니까?"

블레어는 눈을 동그랗게 뜨더니 묻는다.

"신부님이신데도 직업이 두 개입니까?"

블레어는 내가 목욕탕 매니저인 줄 알았던 모양이다. "목욕은 내 취미생활이고 진짜는 천주교 신부입니다." 하자, 블레어는 "아이고 신부님, 저도 천주교 신자입니다. 세례명은 프란치스코입니다. 제가 신부님께 영어를 가르쳐 드린다고 하면 어머니하고 할머니가 무척 좋아하실 거예요!" 하면서 흔쾌히 영어를 가르쳐 주겠다고 했다.

2006년 1월 새해를 시작하면서 블레어와 일주일에 두 번 저녁 시간에 영어를 공부했다. 한국말을 한 마디도 하지 못하는 블레어가 한 달 동안 열심히 가르쳐 주는 영어를 나는 하루하루 즐겁게 공부했다.

한 달가량 영어를 배우고, 만 원짜리 새 돈을 마련해 사례비를 주기 위해 블레어를 기다렸는데 웬일인지 오지 않았다. 전화를 해도 받지 않았다. 평창에서 전화하는 사람은 신부님뿐이라며 수업이 있는 화요일, 목요일에는 휴대폰을 꼭 켜놓던 블레어였는데, 그날은 저녁 늦게까지 전화기가 꺼져 있었다.

운전이 서툰 블레어였기에 혹시 빙판길에 사고라도 나지 않앉나 걱정했다. 일주일 내내 연락이 되지 않더니 수업을 빼먹은 지 일주일이 지나서야 블레어한테서 메시지가 왔다.

"신부님, 병원입니다. 휴대폰을 사용할 수가 없었습니다. 수업을 못 가서 미안합니다."

나는 교통사고가 난 줄 알고 블레어와 통화하려 했으나 또다시 2주일이 지나도록 연락이 되지 않았다. 2월이 되었다. 블레어에 대한 걱정이 점점 커졌지만 연결고리가 없으니 답답할 뿐이었다.

겨울방학이 끝나고 개학을 했다. 여전히 블레어 소식이 궁금했는데, 평창중학교에 다니는 아들을 둔 생태마을 직원 바오로가 황당한 소식을 전했다.

"신부님! 블레어가 죽었드래요!"

"그게 무슨 소리야? 그렇게 멀쩡하던 친구가 왜 죽어?"

"콜라를 너무 마셔서 위가 뚫어져 원주에 나가서 수술을 했는데 수술 후 곧바로 죽었드래요!"

"블레어가 무슨 콜라를 그렇게 먹었는데?"

"신부님! 블레어는요! 수업 시간에도 콜라만 먹었드래요!"

"콜라를 너무 많이 먹어 죽은 거라고 학생들이 수군거리드래요!"

마른하늘에 날벼락을 맞은 기분이었다. 태어나서 천공이라는 말도 처음 들었고, 콜라를 먹어서 위에 구멍 났다는 소리도 처음 들었다.

텔레비전 프로그램 '스펀지 제로'에서 탄산음료 산도를 측정해 본 결과 대부분 탄산음료가 식초보다 높은 산성 수치를 나타냈다. 산도가 높은 음료수에 소뼈를 담가놓고 5일 후에 보니 뼈가 흐물흐물해졌다. 탄산음료에 사람의 치아 표면이 녹아내리기까지는 한 시간이 채 걸리지 않는단다.

탄산음료가 몸에 안 좋은 줄은 알았지만, 내 영어 선생을 그렇게 허망하게 빼앗아 갈 줄은 꿈에도 몰랐다. 가만히 기억을 더듬어 보니 자기는 밥도 제대로 차려 먹지 않고 시리얼과 우유로만 끼니를 때운다고 한 블레어의 말이 생각났다. 한국에서 만든 시리얼이 맛있다며 자랑하던 블레어는 시리얼과 우유와 콜라만 먹으면서 이국생활을 근근이 이어갔던 것이다.

블레어와 연락이 끊기기 일주일 전 사제관 토담집에 초대해 스테이크를 구워주었더니, 엄지손가락을 치켜들면서 환상적인 맛이라며 맛있게 먹었는데 결국 마지막 만찬이 되어버렸다.

블레어는, 직접적인 원인은 아니었겠지만 탄산음료가 목숨까지도 빼앗아 갈 수 있음을 내게 가르쳐 주었다. 블레어의 주검은 캐나다에 계신 부모님이 오셔서 학교장을 치른 뒤 거두어 갔다. 블레어가 죽은 뒤에 생태마을에 있던 탄산음료 일회용 자판기를 모두 처분해 버렸다.

도시에 나가 패스트푸드점 앞을 지나며 콜라를 먹고 있는 아이들을 볼 때마다 착하고 순진했던 블레어 생각이 난다.

계약재배

    평창 도돈리에 자리 잡고 산 지 10년이 지났다. 짧은 기간이 지만 내 귀에 농민의 한숨이 천둥소리보다 크게 들리는 데는 오 랜 시간이 걸리지 않았다.

    2004년 방송에서 하루가 멀다 하고 참살이(웰빙) 식품에는 콩이 최고라는 보도가 나갔을 때 콩값이 올라 가을 추수기 초반에는 20만 원 하던 콩 한 가마가 40만 원까지 치솟았다. 느닷없이 뛴 콩값에 농민들은 신이 났고, 돈을 더 벌 수 있을 거라는 기대에 다음 해에 너도나도 콩을 심었다. 더욱이 수입쌀에 밀려 쌀값까지 떨어지자 쌀 대신 콩을 논에 심는 농가도 생겨났다. 그러자 수입업자는 돈 벌 기회는 이때다 싶어 중국에서 값싼 콩을 들여와 국산콩은 1년 만에 반값인 19만 원으로 떨어졌고, 2006년에는 14만 원까지 떨어졌다. 콩농사를 지어 재미 본 건 2004년 딱 한 해였다. 2009년에서 2011년까지는 기상이변으로 생산량 자체가 줄어 콩값이 다시 한 가마에 50만 원으로 뛰었다.

    2006년 원산지 콩값은 반으로 폭락했는데, 시중에서 유통되는 콩 제품 가격은 떨어지지 않는 시장이 참으로 이상했다. 콩값이 떨어져도 농민만 모든 고통을 떠안을 뿐 중간 유통 상인이나 가공업자들은 피해를 입지 않는다. 이런 농사 판을 보면서 2005년에 평창 도돈리·대하리·대상리·마지리 농민들과 계약재배를 해야겠다고 마음을 먹었다.

가을걷이가 끝난 11월 콩값이 19만 원으로 떨어졌지만 30만 원에 사들였다. 여기저기서 신부님이 제정신이 아니라는 소리도 들렸다. 3백 가마를 사들였으니 '6천만 원으로 살 수 있는 콩을 9천만 원에 사는 걸 보면 신부라 세상 물정 모른다.' 하며 비아냥거릴 수도 있겠다 싶었지만 그대로 밀고 나갔다.

2006년에도 28만 원 선에서 계약재배를 했고, 콩값이 14만 원으로 떨어져도 계약대로 콩을 사들였다. 나도 밑지는 거래는 아니었다. 농약을 치지 않고 우리 종자로 콩을 심는 조건을 내걸었다. 농민들은 농약 치지 않고도 가격을 그대로 받아서 좋고, 도시 사람들은 농약 치지 않은 우리 콩으로 만든 청국장 가루·청국장·된장·간장·고추장을 살 수 있으니 좋았다. 농민도 살고, 도시에 사는 동포들도 사는 일석이조가 되는 거래가 아닌가!

계약재배를 해서 확보한 국산콩으로 메주를 띄운 지가 7년이나 지나니 메주한테 푹 빠졌다. 잘 띄워진 메주로 만든 된장 맛은 확실히 깊은 맛이 난다. 메주에 피어난 하얀 곰팡이가 속으로 들어가면 바실러스 서브틸러스균이 잘 생긴다. 메주가 제대로 띄워지면 향이 구수한 게 군침이 돈다. 우리 콩으로 만든 된장의 참맛을 알게 되니까 놀리고 있는 밭에 한 평이라도 더 콩을 심고 싶다.

생태마을에서는 겨우내 띄운 메주를 판매하는데 해가 갈수록 메주 주문량이 늘어난다. 메주는 매년 12월 햇콩을 가마솥에 넣고 삶는다. 콩을 삶을 때 가마솥 밖으로 콩 국물이 넘으면 콩에서 우러나온 고소한 맛과 향을 놓친다. 구수한 메주의 탄생은 콩 국물을 어떻게 우려내느냐에 달려 있다. 완전히 푹 삶아 김이 모락모락 피어오르는 콩을 네모난 나무틀에 넣고 아주머니들이 발로 밟는다. 아주머니가 콩을 솥에서 뜨고 발로 밟을 때 이미 장맛은 결정 난다.

네모난 메주는 볏짚으로 묶어 양지바르고 바람 잘 통하는 곳

생태마을 햇볕 잘 드는 마당에 놓인 장독대. 계약재배로 얻은 콩으로 담근 된장·간장·고추장이 들어 있다.

에 매단다. 열흘가량 메주를 매달아 두면 하얗게 곰팡이가 난다. 메주 표면에 하얗게 분이 생기면 37도 되는 온돌방 바닥에 메주를 띄운다. 한 달 정도 이불을 폭 씌워 띄우면 메주 안에서 얼마나 많은 열이 발생하는지 천장에 이슬이 맺힌다. 이러한 발효과정이 끝나면 햇볕에 잘 말린 뒤 솔로 깨끗이 씻어 생태마을 메주를 원하는 고객들에게 발송한다.

우리나라 콩 자급률이 10퍼센트밖에 되지 않으니 걱정이다. 수입콩은 많은 문제점이 있다. 우선 수입콩의 87퍼센트가 유전자 조작 콩이다. 이미 영국에서는 유전자 조작 콩이 몸에 나쁜 영향을 끼칠 수 있다는 연구 결과물을 발표하기 시작했다. 수입콩은 씨부터 문제가 있지만 유통과정에서도 콩의 본래 성질이 사라진다. 수입콩은 수확한 지 5,6개월, 심지어는 1년이 지나서야 우리나라 가공업자에게 전달된다. 철 지난 콩은 아무리 삶아도 불어나지 않기에 수입콩으로는 메주 만들고, 된장 만들고, 청국장 만드는 일이 쉽지 않다.

햇콩을 삶아야 콩이 제대로 불어나고 발효도 잘 된다. 햇콩을 삶으면 다섯 배 정도로 불어나는데 수입콩은 아무리 오래 삶아도 잘 불어나지 않는다. 수입콩뿐 아니라 철 지난 우리 콩도 삶으면 잘 불어나지 않는다. 메주는 반드시 햇콩으로 띄워야 한다.

청국장 만드는 기계로 청국장을 띄워 먹는 사람들이 가끔 나에게 묻는다. "신부님, 똑같은 콩으로 발효를 시켜 청국장을 만들어 먹는데 어떤 때는 잘 안 될 때가 있어요. 왜 그런가요?"

청국장 띄우기에 실패한 이유는 국산 햇콩이 아니라 유통과정이 1년 이상 걸리는 수입콩을 썼기 때문일 가능성이 높다. 모든 건강식품은 원료가 좋아야 효능도 좋다. 된장·청국장의 원료가 수입산이라면 이미 우리 전통 음식이 아니다.

유기농산물 생산에 가장 먼저 성공한 프랑스나 선진 농업국을 가 보면 농지를 아름답게 정리해 놓았다. 더욱이 요즘 미국·프랑스·이탈리아·스위스는 유기농산물 생산량을 늘리고 있으며 다른 나라 유기농산물을 믿지 않고 자기네 나라의 유기농산물만 믿는다. 2012년 유기농 시장 크기가 유럽은 460억 달러, 미국도 450억 달러, 그리고 일본은 110억 달러에 이를 것으로 내다본다. 세계가 얼마나 빠른 속도로 유기농산물 생산에 매달리는지 알 수 있다. 우리는 반대로 농업을 포기하고 외국 농산물 수입에만 열을 올린다.

국민 전체가 입시지옥에 시달리고, 땅 투기에 정신이 팔려 '먹을거리' 살리는 일에는 도무지 신경 쓸 여력이 없다. '우리 농촌을 살리자!'는 보도는 자주 듣지만, 실제로 우리 씀씀이를 보면 오히려 농촌을 죽이고 있다. 서울·경기 지역에 사는 도시민들이 이 나라 땅을 지키고 있는 농민들과 계약을 맺는 계약재배만 잘 이용한다면 농민들은 경쟁력을 갖출 수 있고, 도시인들은 덤으로 건강을 선물로 받을 수 있다.

하늘 도움

2004년 8월 말 생태마을 밭에 배추 3만 포기를 심어놓았는데, 두 달 동안 비 한 방울 내리지 않았다. 걱정스런 마음으로 3천 평 넘는 밭에 짬짬이 나가봐도 푸석푸석한 먼지만 날리니, 속이 타들어 갔다. 속상한 마음에 비님을 내려주지 않는 하늘을 째려보는데 무심한 하늘은 아무 일도 없다는 듯 눈이 시리도록 파랗기만 했다. 농사짓지 않았을 때는 하늘을 애절하게 쳐다본 적이 없었는데 이제는 눈을 하늘에 고정하고 산다.

농사꾼이 하늘 도움 없이 농사를 잘 짓는 건 불가능하다. 조상들이 '경천애인敬天愛人' 정신을 강조한 이유를 농사지으면서 분명히 깨달았다.

예수님은 하느님 사랑이 첫째 계명이고, 이웃 사랑 또한 첫째 계명만큼 중요하다고 가르치셨다. 우리 조상들은 경천애인하라는 가르침을 예수님한테 직접 듣지도 않았는데 이미 실천하고 있었다. 농사짓는 사람은 하늘을 공경하고 사람을 사랑할 수밖에 없다. 천주교가 전해지지 않은 몇백 몇천 년 전에도 우리 조상들은 '하늘님이 두렵지도 않으냐! 하늘님이 지켜보고 있다!'

고 할 만큼 하늘님 신앙이 있었다. 하늘에서 비를 내려주시면 계를 조직해서 이웃과 마음을 모아 물꼬를 트고 쟁기질을 했다.

농사짓는 사람들은 자연스레 가족을 사랑했고 농사에 도움을 주는 이웃을 소중하게 여겼다. 하늘을 공경하고 사람을 사랑하는 경천애인 사상은 농사짓는 우리 조상들 삶 안으로 들어왔다. 애국가 1절 '동해물과 백두산이 마르고 닳도록 하느님이 보우하사 우리나라 만세.' 하는 가사를 되씹으면 되씹을수록 의미가 새롭다. 5천 년 역사를 이어오면서 하느님 공경이 뿌리박힌 조상들은 애국가 1절에 '경천애인' 정신을 담았다.

배추가 타들어 가기 일보 직전 온 누리를 촉촉이 적시는 비님을 보면서 기도했다.

'하느님, 배추밭을 보우해 주셔서 감사합니다!'

한 달 동안이나 평창 강물을 끌어들여 물을 댔지만 밭을 흠뻑 적시기에는 부족했는데, 시들시들하던 배추들이 하늘 비를 맞더니 하룻밤 사이에 힘을 얻어 꼿꼿이 일어선다. 일주일 동안 비님을 흠뻑 머금은 배추들은 속이 꽉꽉 찼다. 내 마음도 풍요로 가득 찼다. 이제 하늘 도움으로 많은 사람이 편안하게 김장해서 겨우살이를 준비할 수 있게 됐다.

2005년, 2006년 하늘이 잘 도와주어 배추 농사가 잘 되었다. 그 바람에 배춧값이 폭락했다. 생태마을에서도 2006년 2만 포기 배추를 심었는데 1만 포기는 밭에서 뽑지도 않았고, 불쌍한 배추는 겨우내 그 자리에서 썩어갔다.

우리 생태마을 밭만 수확을 못한 것이 아니라 우리 동네 다른

3천 평에 심어놓은 배추.

밭들도 다 똑같았다. 배추 한 포기 값이 200원도 안 나가는데 누가 힘들여 배추를 뽑겠는가?

　겨울 초엽에 강원도를 여행하는 사람들은 드넓은 밭에서 배추가 서리를 맞은 채 말라비틀어져 가는 모습을 가끔 볼 수 있을 게다. 나에게 '왜 저 아까운 배추를 뽑지 않느냐?'며 묻는 사람들이 있다. 그 이유는 배추 1천 포기 뽑아야 20만 원밖에 건질 수 없기 때문이다. 배추 뽑는 일은 쉽지 않다. 배추에도 가시가 있어 손이 따끔거리고 허리도 아프다. 생태마을 후원회원들에게 해마다 배추 30포기를 선물하는데, 승용차 트렁크와 뒷좌석에 꽉꽉 채워도 30포기를 다 싣지 못한다. 1천 포기라면 1톤 트럭 두 대 분량이다. 1톤 트럭 한 대 빌리는 데 30만 원 정도 하니 품값은커녕 운반비도 나오지 않는다. 결국 나이가 칠팔십 되신 할머니 할아버지 농사꾼들은 속이 썩어 문드러져도 싱싱하게 속이 꽉 찬 배추를 포기할 수밖에 없다.

큰일은 2007년에 벌어지고 말았다.

2006년 밭에 버려진 배추의 아픈 기억 때문에 대부분 농민들이 배추를 줄여 심었다. 우리 생태마을도 전년보다 8천 포기를 줄여서 1만 2천포기를 심었다. 2007년 온난화로 인한 가을장마로 비가 하루걸러 배추밭과 무밭에 쏟아져 내렸다. 결국 배추 새싹이 가을장마에 녹아버렸다. 1만 2천 포기 중 4천 포기는 녹아버렸고 나머지도 신통치 않았다. 우리 밭만 그런 게 아니고 전국적으로 똑같은 일이 벌어졌다.

결국 흉년으로 배춧값이 폭등해서 2006년에 비해 무려 열다섯 배나 뛰어 배추 한 포기에 3천 원까지 치솟았다. 2010년에는 배추 한 포기에 만 5천 원이나 하는 초유의 사태가 벌어졌다. 생태마을은 2007년부터 2010년까지 배추 농사를 망쳤다. 농부들이 말하길 배추 농사 지어서 재미 보는 건 5년에 한 번 정도라 한다. 농민들 말처럼 2011년 배추 농사는 참 잘 되었다.

농사는 어떤 투기보다도 위험하다. 흉년이든 풍년이든 피해는 농민들이 다 본다. 처음 농사지을 때는 하늘 도움이 절대적이라 생각했는데, 하늘 도움뿐 아니라 도시 사람 도움이 어우러져야 농업과 농민이 살아날 수 있음을 알게 되었다.

침묵의 봄

레이철 카슨은 50년 전인 1962년, 농약 사용이 자연과 인간에게 얼마나 끔찍한 재앙이 될지 미리 내다본 위대한 여성이다. 그는 농약을 뿌려서라도 대량생산을 하고야 말겠다는 미국인에게 경종을 울린 예언자다.

우리 밥상에 오르는 음식이 농약으로 오염되어 있는 줄도 모른 채 죽음의 식사를 하는 현대인들을 위해 레이철 카슨의 「침묵의 봄」 일부를 소개한다.

그곳은 겨울에도 아름다웠습니다. 수많은 새들이 눈 속에서 고개를 내밀고 있는 풀씨와 나무열매들을 먹기 위해 날아왔습니다. 마을 주변은 새들이 살기에 아주 좋은 곳이었습니다. … 그런데 이상한 기운이 이곳에 스며들어 모든 것이 변하기 시작했습니다. 이름 모를 어떤 사악한 기운이 마을을 뒤덮었습니다. 괴질로 인해 닭들이 무더기로 죽어갔고, 소와 양들도 병에 걸려 죽었습니다.

곳곳에 죽음의 그림자가 드리워졌습니다. 가족들의 질병에 대해 이야기하는 농부들이 날로 늘어갔습니다. 마을 의사들은 환자들 사이에 퍼져 있는 알 수 없는 새로운 질병에 대해 크게 당황하기 시작했습니다. 이 환자들 중 몇몇은 이유도 없이 갑작스럽게 죽었습니다. 어른들뿐 아니라 활기 있게 뛰놀던 어린아이들까지도 갑자기 병에 걸려 몇 시간 이내에 죽어가곤 했습니다.

…생명의 소리가 없는 침묵의 봄이었습니다. 한때 떠오르는 해와 함께 들려왔던 종달새·개똥지빠귀·비둘기·여치·굴뚝새 등 수많은 새들의 지저귐은 더 이상 들려오지 않았습니다. 오직 무거운 침묵만이 벌판과 숲, 소택지들을 짓누르고 있었습니다. 농장의 닭들은 알을 낳았지만 병아리를 부화시키지 못했습니다. 농부들은 몇 마리 안 되는 새끼를 낳은 어미돼지와, 며칠 안 돼서 이유도 없이 죽어버리는 새끼돼지들에 대해 걱정했습니다. 사과나무들도 꽃을 피우기는 했지만 꽃들 사이에서 날아다니는 벌이 없기 때문에 수정도 되지 않았고, 그래서 열매도 열리지 않았습니다.

농약이 위험하다는 레이철 카슨의 50년 전 경고는 정확하게 맞아떨어졌다. 농약은 농토의 해충과 잡풀을 없애서 곡물 대량 생산을 가능하게 해주었지만 50년이 지난 지금 사람을 직접 공격하는 내분비계 교란물질이라는 무서운 독약으로 돌변했다.

우리 동네 농민들에게 농약을 치지 말고 농사짓자고 이야기하면 농부들은 특유의 강원도 사투리로 입을 모아 말한다.

"신부님요! 우리도 지금보다 가격을 세 배 더 받는다면 농약 치지 않고 농사지을 수 있드래요!"

평창에서 농약 치지 않고 농사짓는 나는 칭찬은커녕 한술 더 떠 욕까지 얻어먹는다. 우리 콩밭에는 제초제를 뿌리지 않기 때문에 콩밭 풀씨가 옆집 밭으로 날아간다. 나이 구십이 다 된 옆밭 할아버지는 우리 콩밭 풀씨 때문에 자기네 밭을 망친다고 마을 총회 때마다 나를 혼낸다.

대부분 농민들은 농약 치지 않고 농사짓는 일은 어리석고 불가능한 일이라고 비웃는다. 농약에 대한 확고한 믿음이 있는 농부들은 여름에 비님만 그치면, 경운기에 농약을 싣고 분무기로 농약을 뿌린다. 나는 고추 농사를 크게 짓는데 역시 농약을 치지 않는다. 동네 할아버지들이 우리 고추밭을 지나가면서 한마디씩 내뱉으신다. "다른 농사는 몰라도 고추 농사만은 농약 없인 안 되는데!" 그분들이 뭐라건 나는 고추에 농약을 치지 않는다. 고추 수확 철이 되면 농민들은 호기심 어린 눈으로 우리 밭을 들여다본다. 그런데 고맙게도 우리 밭에는 고춧대가 휘도록 싱싱하고 튼튼한 고추가 주렁주렁 매달려 있다.

공기 나쁜 도시 사람보다 시골 사람들 수명이 더 짧은 이유는 농약 칠 때 방독면도 갖추지 않은 채 독한 농약을 뿌리기 때문이다. 논밭에 뿌리는 독한 농약이 호흡기를 통해 농민들 몸속으로 들어가기에 각종 질병이 농민을 괴롭힌다.

도시인들은 농약의 정체를 정확히 이해하지 못한 채 설마 죽기야 하겠냐며 농약 묻은 채소를 사 먹는다. 본당신부 때 농약 마시고 자살을 시도한 젊은이를 봤는데 농약이 얼마나 끔찍한 독약인지 내 눈으로 확인할 수 있었다. 농약을 마신 젊은이는 입술과 혀가 몽땅 녹았다. 내가 방문했을 때 젊은이는 나에게 '신부님! 식도하고 위가 너무 아파요!' 하고 말했다. 결국 젊은이는 농약을 마신 지 한 달 만에 세상을 떠났다. 농약 때문에 도시 사람도 죽고 농민도 죽는다. 조금만 더 먹을거리에 관심을 갖는다면 농약이라는 독으로부터 내 가족을 보호할 수 있다.

영국은 75퍼센트에 이르는 아기에게 유기농법으로 생산한 먹을거리를 먹인다. 덴마크 재래시장에서는 흠집이 많이 나 곰보가 다 된 사과를 비싼 값에 판다. 사람들은 농약을 치지 않은 곰보 사과를 장바구니에 담는다.

우리나라는 어떤가? 반짝거리는 농산물은 농약을 쳤다는 증거인데도 소비자들은 반짝반짝 윤이 나는 과일과 채소에만 손을 뻗는다. 서울과 먼 거리 농민들은 서울로 올려보내는 배추가 시들어 물러지는 현상을 막기 위해 간혹 배추 뽑기 전날 농약을 뿌린다. 생태마을에서 키운 상추를 식탁에 내놓으면 상추가 왜 배추만 하냐고 투덜거리는 도시 아줌마들이 있는데 농약을 치지 않기 때문이다. 도시 사람들 싸 먹기 좋으라고 상추에도 성장 억제 농약을 친다.

농약을 치면 힘들이지 않고 쉽게 농사짓고 돈도 많이 벌 수 있을지 모르겠지만, 세 가지 중요한 요소를 잃는다.

첫째, 땅이 죽는다. 농약을 뿌리면 흙이 산성으로 변한다. 흙은 약알칼리를 띨 때 가장 건강하다. 산성으로 변한 흙이란 냉면 국물이 배어 있는 흙이라고 생각하면 쉽게 이해할 수 있다. 우리가 여름이면 식초를 곁들여 시큼하면서도 시원하게 즐겨 먹는 냉면 국물의 산도(PH)를 측정하면 4.0 정도 나온다. 보통 산도 5.6 이하의 비를 산성비라고 부르는데, 울산에서 내린 비의 산도가 3.7인 경우도 있었다. 다시 말해 우리나라 도심 하늘에서 오는 비는 비가 아니라 냉면 국물이 떨어지는 꼴이다.

농약을 뿌리면 땅속에 사는 유익한 균들이 죽어 흙에 산소를 공급할 수 없다. 또 땅속을 헤집고 다니며 흙을 부드럽게 해주는 지렁이나 유익한 벌레들이 죽어서 땅은 딱딱해지고 수분도 스며들지 않아 농작물이 싱싱하게 자라기 힘들다. 흙 힘이 좋은 농토에서 건강한 농작물이 자라는데 농약 때문에 산성으로 바뀐 흙에는 미생물·지렁이·벌레도 없고 물기도 없기 때문에 화학비료를 써서 강제로 키울 수밖에 없다. 농약을 뿌려 힘을 잃은 땅에는 비료를 뿌려야 농작물이 잘 자란다. 농부들은 봄철 검은 우분이나 거름을 밭에 뿌릴 형편이 못 돼 결국 백색 화학비료를 뿌릴 수밖에 없는 악순환이 반복된다.

둘째, 흙 속과 바깥의 생물들이 죽는다. 밭에 살충제를 뿌리면, 농작물을 파먹는 벌레들이 죽을 뿐 아니라 열매 맺도록 꽃가루받이해 줄 벌이나 나비도 접근할 수 없다. 아지랑이 피어오르는 봄철 밭에 나가보면 벌이나 나비를 구경하기 힘들다. 우리도 밭으로 날아드는 벌들이 없어서 해마다 오이·호박·토마토꽃이 필 때 직원들이 붓으로 일일이 수정을 해준다.

수원에서 자란 나는 30년 전쯤에는 전선 위에 제비나 참새들이 줄지어 앉아 짹짹거리는 장면을 어렵지 않게 볼 수 있었다. 그러나 농약 때문에 지렁이나 땅강아지 벌레 같은 먹이가 사라진 지금 제비와 참새의 날갯짓을 보기 힘들어졌다. 참새는 참새 시리즈 농담 속에서나 겨우 명맥을 이어간다.

셋째, 인간이 죽는다. 농약으로 오염된 잎과 열매, 뿌리열매를 먹는 인간 몸에는 각종 농약이 축적되어서 이름도 모르는 희귀병에 걸려 죽는다.

이 밖에도 수많은 피해 사례가 있지만 많은 사람이 유기농산물이 비싸다는 이유로 사 먹지 않는다. 먹는 양식을 돈의 가치로 따져서는 안 된다. 농약으로 오염된 먹을거리를 먹고 암에 걸려 몇백, 몇천만 원 치료비가 드는 것은 물론이고 육신의 통증, 그에 따른 마음고생까지 겪는 것을 생각하면 차라리 건강한 먹을거리를 사 먹는 쪽이 훨씬 현명하다.

이 땅에 유기농법이 뿌리내리지 않으면 국민 건강 피해는 물론이고 농촌도 엉망진창이 되고 땅과 자연도 죽는다. 유기농산물을 즐겨 먹는 습관은 나를 살리고 농민도 살리는 길이며, 나라도 살리는 길이다. 농약을 이 땅에서 쫓아내고 농약 때문에 죽어간 지렁이를 살릴 때 대한민국 땅은 윤기가 짜르르 흐를 것이다.

7

에너지

대한민국 에너지 해외 의존도 96.4퍼센트

석유와 천연가스가 사막 한가운데서 펑펑 솟아나는 중동과 비교하면 대한민국은 참 복도 없는 나라다. 우리나라가 1년에 수입하는 원유 총량이 11억 배럴인데 2011년 브라질은 200억 배럴(1배럴은 159리터 정도의 양을 말한다)이나 되는 석유를 발견했다. 다른 나라들은 쉽게도 발견하는 석유가 이 땅에서는 단한 방울도 나지 않는다.

우리나라는 에너지 해외 의존도가 96.4퍼센트다. 동해에서 천연가스를 채굴한다는 반가운 소식도 있긴 하지만 우리가 생산하는 3.6퍼센트의 에너지 중 대부분은 수력발전소에서 충당하고, 나머지는 기껏해야 태양열을 이용한 온수 사용이 전부다. 만일 자원 하나 없는 우리 민족이 똑똑하고 성실하지 않았더라면 이미 쪽박 찬 거지나라가 되었을 것이다. 그나마 똑똑한 머리, 높은 교육열 덕분에 이만큼 호사스럽게 산다.

물건 잘 만들어 수출해서 번 돈으로 석유·석탄·천연가스를 수입해 공장 돌리고, 자동차 굴리고, 집집마다 난방하고, 텔레비전·냉장고·세탁기·전기·컴퓨터를 쓴다. 따라서 국제정세

불안으로 에너지 수입이 중단된다면 온 나라가 하루아침에 멈춰버릴 것이다.

2002년만 해도 석유 값은 1배럴에 20달러 안팎이었다. 그런데 겨우 10년이 지난 지금은 1배럴에 120달러를 오르내리고 있다. 앞으로 몇 년 안에 원유 1배럴에 140달러가 넘는 시대를 맞이할 것이다. 2012년에는 1천억 달러가 넘는 에너지를 수입할 전망이다. 우리 경제가 견딜 수 있는 원유 가격은 1배럴에 140달러까지라고 하니 세찬 바람 앞에 촛불 같은 신세다.

2007년 우리나라 에너지 수입은 800억 달러가 넘었다. 석유만 수입하지 않아도 연평균 흑자가 1천억 달러를 넘길 수 있는 경쟁력을 갖춘 나라다.

석유가 필요하다면 석유 수입은 당연한 일이다. 문제는 국민들이다. 국민들은 우리가 산유국이라도 되는 양 착각하면서 에너지를 펑펑 쓴다. 석유 한 방울 나지 않는 나라에서 내 차를 포함해 소형차도 아닌 중·대형차 1천8백만 대가 돌아다닌다. 석유가 나지 않는 유럽 국가들을 다녀보면 길거리가 온통 자전거 물결이다. 시내 한복판은 차 중심도로가 아니라 자전거 중심도로다.

500년 전에 형성된 암스테르담 시내 좁은 도로 한가운데를 돌아다니는 교통수단은 자전거와 전동열차다. 이미 형성된 도시인 서울·인천·수원에는 자전거 도로를 만들 수 없다 치더라도 새로 건설한 신도시 분당·일산·평촌에 제대로 된 자전거 도로 하나 없는 모습은 뭐라고 설명해야 할까? 정치인들이나 정책

세우는 사람들이 에너지 절약에 대한 생각이 아예 없다는 증거다. 우리나라 도로에는 자전거는 없고 오로지 자동차로 넘쳐나니 이산화탄소와 온갖 중금속이 거리에 쏟아진다.

나 또한 자동차에 대해서는 할 말이 없는 죄인이다. 1년에 100회 이상 외부 강연을 다니면서 주행하는 거리가 3만 킬로미터가 넘는다. 7, 8년 전만 해도 시속 150킬로미터로 달리는 과속은 보통이었다. 지금 생각해 보면, 과속을 해서 미친 것이 아니라 그 아까운 석유를 태워 없앤 행동이 미친 짓이었다.

내 차에 휘발유를 가득 넣고 시속 150킬로미터로 달릴 때는 430킬로미터밖에 달리지 못했다. 정신을 차린 요즘 시속 100킬로미터를 지키면서 달리는데, 거의 700킬로미터도 넘는 거리를 달린다. 경제속도만 잘 지켜도 휘발유 사용량을 절반으로 줄일 수 있다. 시속 150킬로미터로 냅다 달리는 사람들은 하루빨리 정신 차려 경제속도를 지켰으면 좋겠다.

이제 석유 값이 배럴당 110달러를 넘었기에 수도요금·전기요금·도시가스·버스요금·지하철요금·자동차 휘발유 값, 심지어는 식량 값까지 폭등할 것이고 서민들은 못살겠다고 아우성을 칠 것이다.

국민들이 10퍼센트만 에너지를 아끼더라도 연간 100억 달러를 절약할 수 있다. 1970년대에 우리나라처럼 석유 한 방울 나지 않는 독일이 오일쇼크를 겪으면서 내린 결론은 절약이었다. 독일 국민들은 피나는 노력 끝에 연간 에너지를 전체 사용량의 40퍼센트까지 줄였다. 독일 사람들은 차가 막히면 시동을 끄고 내려서 천천히 밀면서 두런두런 이야기하며 간다. 이제 독일은 한 걸음 더 나아가 태양광, 풍력 발전기 같은 신재생에너지 개발에 온 힘을 쏟고 있다.

우리나라는 세계에서 석유 수입 5위, 1인당 석유 소비량 5위, 국가별 석유 소비 7위, 전체 에너지 소비는 10위라는 매우 위험한 통계를 가지고 있다. 우리보다 배나 잘살고 인구도 배나 많은 일본과 맞먹는다. 우리나라 1인당 에너지 사용을 100퍼센트라 한다면 일본은 우리나라에 비해 35퍼센트 정도밖에 안 되는 에너지를 쓴다. 우리가 일본보다 무려 세 배나 되는 에너지를 쓰는 것이다.

28평 아파트에 사는 사람이 물 아끼기, 전기 아끼기 운동에 참여하면 약 27퍼센트나 되는 에너지를 아낄 수 있다. 월 10만 원 정도 전기료를 내는 가정이라면 전력을 낭비하지 않기 위해 전기제품 플러그 빼기, 내복 입기, 실내온도 섭씨 25도 지키기, 미지근한 물 쓰기만 실천해도 약 3만 원을 줄일 수 있다. 또한 차량 운전을 하는 사람이 경제속도만 잘 지켜도 월 5만 원 정도의 석유를 아낄 수 있다.

에너지 자급률 3.6퍼센트인 대한민국이 살아남는 길은 오로지 아끼는 것밖에 없다.

브릭스BRICs 4개국

몇 해 전 모든 신축 성당들이 갑자기 건축 중단에 들어갔다. 이유는 1톤에 30만 원 하던 철근 값이 70만 원으로 뛰었기 때문이다.

모든 변화에는 늘 '조짐'이 있기 마련이다. 매년 10퍼센트가 넘는 초고속 성장을 하는 중국은 지구촌 자원을 싹 쓸어담을 기세다. 중국 때문에 지구촌 살림살이가 뒤흔들린다. 산업 발전과 더불어 건축 붐이 일고 있는 중국이 세계가 보유한 철근을 싹쓸이한 탓에 철근 파동이 일어났다.

2012년 중국 청도와 진시황 묘가 있는 서안을 잠깐 다녀왔다. 15년 만에 다시 중국에 갔는데 눈부시게 발전한 모습은 충격적이었다. 청도도 청도지만, 서안 아파트 건설 현장은 대단했다. 40층 정도 돼 보이는 아파트들이 늘어서 있는데 자동차로 1시간을 달려도 아파트 숲을 벗어날 수 없었다. 앞으로 지구촌은 중국 때문에 석유파동, 식량파동, 자원파동을 겪을 것이 틀림없다.

당장만 봐도 중국은 중동지역 석유뿐 아니라 아프리카 석유를 독점하려고 덤빈다. 더욱이 중국 내륙 깊숙한 지방에 사는 사람들이 하루 두 끼를 먹다가 살림살이가 나아지자 세 끼를 먹는다. 세계는 중국 사람들이 먹는 식량을 감당하기 힘들다. 더욱이 농사짓는 사람들이 농토를 버리고 도시와 공장으로 몰려 농사지을 사람마저 없다. 식량 위기를 느낀 중국 정부는 땅을 함부로 개발하는 일을 금지하기 시작했다. 중국은 이미 1억 5천만 명이 먹을 분량인 5천만 톤이나 되는 식량을 수입하는 식량 수입국이다. 중국 인구가 13억이라는 사실을 잊어선 안 된다.

미국이 주도한 세계화 덕분에 그동안 잠자고 있던 인구 강대국들이 경제성장을 시작했다. 중국 하나만 경제성장을 해도 세계 자원이 휘청거릴 지경인데 인도·러시아·브라질이 무서운 속도로 따라붙고 있다. 세계는 브라질의 B, 러시아의 R, 인도의 I, 중국의 C를 합쳐서 브릭스BRICs 4개국이라고 부른다. 요즘 들어 인구 2억 5천만 명이나 되는 인도네시아와, 결코 작은 나라가 아닌 베트남·태국·중앙아시아 국가들의 경제발전 속도 또한 놀랍도록 빠르다.

2050년에 이르면 국민 총생산액이 45조 달러에 이르는 중국이 세계 1위가 되고, 35조 달러에 이르는 미국은 2위로 밀려나고, 30조 달러의 인도가 3위, 현재 2위인 일본은 6조 달러로 4위에 머무를 전망이다. 또 5위는 브라질, 6위는 러시아가 될 것으로 내다본다.

중국 인구가 13억, 인도가 11억, 러시아가 1억 2천만, 브라질이 1억 8천만이다. 이 네 나라 가운데 가장 무서운 나라가 인도다. 우리는 인도를 못살고 못 먹는 거지 나라처럼 생각하지만 그렇지 않다. 교육열은 세계 어느 나라와 비교해도 뒤지지 않고 도시 개발 속도도 빠르다. 인도는 지금 올드델리 반대편에 뉴델리를 확장 건설하고 있는데 우리나라 서울 강남 테헤란로 못지않게 세련되고 번화하다. 인도는 이미 국가별 석유 소비량이 우리나라를 앞질렀다. 우리나라가 1970년대에 초고속으로 성장했듯이 인도도 엄청난 속도로 성장한다.

브릭스 4개국 인구를 합하면 27억이 넘는다. 27억이라는 빈곤층이 넉넉하게 먹고살게 될 때 지구별은 지금보다 훨씬 심각한 환경문제로 몸살을 앓게 될 것이다.

1800년 이후 지난 200년 동안 인구 7억이 조금 넘는 선진국에서 뿜어내는 이산화탄소 때문에 지구가 달구어져 몸살을 앓고 있는데, 앞으로 중국·인도·브라질·러시아 인구 27억이 화석연료를 몽땅 태워 없앤다면 인류의 미래는 캄캄하다. 이산화탄소가 줄어들기는커녕 오히려 두세 배 늘게 생겼다. 경제성장을 하는 나라가 어디 브릭스 4개국뿐인가?

선진국들은 인건비 싼 동남아시아의 베트남·인도네시아·캄보디아·태국으로 굴뚝산업을 옮겨서 그동안 깨끗했던 땅에서까지 이산화탄소를 내뿜는다. 가까운 예로 미국은 석유 값이 치솟자 그동안 지하에 보관해 두었던 석탄을 다시 캐서 쓰기 시작했다. 미국은 100여 개에 이르는 석탄 화력발전소를 다시 지을 계획도 세워놓았다.

석유보다 석탄이 이산화탄소와 이산화황 배출량이 훨씬 많음은 누구나 다 아는 사실이다. 이산화탄소 배출량이 많아지면 지구온난화는 더욱 빠른 속도로 진행될 것이다. 더욱이 중국이나 러시아, 브라질에도 막대한 양의 석탄이 매장돼 있기 때문에 석유 대신 석탄 사용량이 점점 늘어나게 되면 지구촌은 석탄 태우는 연기로 가득 찰 것이다. 앞으로 40년밖에 쓸 수 없는 석유가 바닥을 드러내면 200년은 더 쓸 수 있는 석탄을 캐서 쓸 수밖에 없다. 지금 소비 방식으로 살다가는 인간은 지구에서 살 수 없을 것이다.

인간들이 행복하게 살 수 있는 길은 더 많이 먹고 쓰고 갖는 데 있지 않다. 그런데 모든 인간이 마치 더 많이 먹고 쓰는 것을 행복인 양 착각하고 초록별 지구를 붉은 별로 만들고 있다.

체르노빌

1986년 4월 28일 수원 왕림신학교를 둘러싸고 있는 건들산에는 진달래가 멋들어지게 피어 있었다. 신학교 3학년이던 나는 거무죽죽한 나뭇가지들 끝에 돋아나는 연두색 새싹들을 바라보고 있었다. 종달새와 박새가 푸르릉푸르릉 날갯짓하며 먹이를 찾아 낮게 날아다녔고 몇몇 신학생들은 봄비와 함께 생명의 합창소리가 울려 퍼지는 기숙사 뒷동산을 즐겁게 산책했다.

봄맞이 산책을 마치고 도서관에 들러 무심코 신문을 읽던 나는 두려움에 떨며 샤워장으로 달려가서 봄비 맞은 내 몸을 몸서리쳐 가며 씻어냈다. 이틀 전 4월 26일 체르노빌 원자력 발전소가 터져 지구 전체가 방사능에 심하게 노출되었다는 기사는 봄비에 젖은 나를 불안과 공포에 떨게 하기에 충분했다. 방사능에 오염된 비에 흠뻑 젖은 내 몸이 금방이라도 기형으로 변할 것 같았다.

만일 비를 맞게 되면 방사능에 피폭될 위험이 있다고 신문은 날마다 겁을 주었다. 방사능에 오염되었다는 봄비를 온몸으로 맞은 나는 도대체 어떻게 되는 것인가! 살아오면서 자연을 상대로 처음 느끼는 공포였다.

1986년 폭발사고가 일어났을 때 소련에서는 원자력 발전소 폭발 사실을 감추려 애썼지만, 프랑스에 자리 잡은 원자력 발전소와 스웨덴 포르스마르크Forsmark 원자력 발전소와, 국경이 서로 맞닿아 있는 유럽 국가의 여러 원자력 발전소에서 위험 수위에 이르는 방사능이 측정되었다. 자기네 나라 발전소에는 아무 이상이 없었으나 방사능 수치가 계속 올라가자 당황한 국가들은 결국 방사능 유출 근원지를 찾았다. 이미 폭발사고를 알고 있던 미국은 고농도의 방사능 검출로 얼떨떨해하던 유럽 각국 정부에 우크라이나 지방 체르노빌 원자력 발전소가 이틀 전에 터졌다는 사실을 알렸다.

체르노빌 원자력 발전소 폭발은 북반구 하늘을 방사능으로 오염시켰고, 오염된 공기는 중앙아시아 하늘을 떠돌다가 수증기와 결합하여 구름의 힘을 빌려 촉촉한 봄비가 되어 몇천 킬로미터나 떨어진 대한민국 경기도 화성 왕림신학교 뒷동산을 공격하며 나를 공포에 떨게 했다.

원자력 발전소는 오염도 없고 안전한 에너지라고 떠들더니 이게 어찌 된 일인가? 인구 밀도가 높은 우리나라에도 원자력 발전소가 여기저기 있는데 안전한지 걱정이 되기 시작했다. 관심을 갖고 좀 더 자세히 각종 자료와 신문을 읽어본 다음에야 비로소 원자력은 결코 안전하게 쓸 수 있는 에너지가 아니라는 사실을 깨달았다.

그 당시 체르노빌 원자력 발전소는 많은 문제점을 안고 있었는데도 발전소를 운영하는 사람들은 문제점을 감추기에만 급급했다. 결국 발전소 용기 안의 반응로가 자체 반응열을 견디지 못하고 폭발하고 말았다. 원자력 발전소가 제아무리 완벽한 체계로 움직인다 해도 결국 사람이 운영하기 때문에 잘못이 있게 마련이다.

체르노빌 원자력 발전소 폭발사고뿐 아니라 세계 곳곳에서 원자력 발전소 안전성에 많은 문제가 발생했다. 1972년 핵연료가 녹아내린 미국의 스리마일 원자력 발전소 사고, 1998년 중국 친산 원자로 사고, 1971년 이후 20여 차례 일어난 일본 원자력 발전소 사고처럼 아찔한 사고들이 많이 발생했다. 가깝게는 2011년 후쿠시마 원자력 발전소 폭발이 있었다. 이렇게 위험한 원자력 발전소가 2004년 기준으로 32개 나라에서 440기나 가동 중이다.

소련과 북한 사람들을 먹여 살리고도 남는 드넓은 곡창지대인 우크라이나 평원 중앙에 있던 체르노빌 원자력 발전소가 터졌다. 평온하던 중앙아시아는 하루아침에 세계를 벌벌 떨게 하는 방사능 유출 근원지로 탈바꿈하고 말았다.

폭발사고가 일어난 뒤 원자력 발전소 주변 30킬로미터 안에 살던 주민 30만 6천여 명은 죽음을 불러오는 방사능을 피해 정든 고향을 떠날 수밖에 없었다. 체르노빌 주변에 사는 사람들은 자신들을 죽음으로 몰고 갈 방사능이 비와 결합하여 떨어지는 초원을 지나갔다. 그들은 떨어지는 비를 맞으며 피부가 왜 따끔거리는지조차 몰랐다. 아무 잘못 없는 양과 들짐승들이 이유도 모르고 죽어갔다.

　구소련 정부는 발전소 폭발로 사망자 31명, 부상자 300명이라는 말도 안 되는 발표를 했지만, 10년 후 드러난 피해는 엄청났다. 체르노빌 원전 4호기 폭발 뒤 몇만 명이 이름도 모르는 질병으로 죽었고, 어린이들은 갑상선과 백혈병으로 수없이 죽어갔다. 우크라이나 보건 당국은 350만 명이 방사능에 노출되어 각종 질병에 시달린다고 발표했다. 사람뿐 아니라 짐승도 턱이 없거나 다리가 8개 달린 송아지가 태어났고, 호박처럼 생긴 사과 열매가 열리는, 상상을 초월하는 끔찍한 방사능 피해가 발생했다.

　4월 28일 이후 날마다 보도되는 신문 내용은 나를 더 끔찍한 공포로 몰아넣었다. 4월 26일 폭발로 시작된 불은 5월 9일에야 완전히 꺼졌다. 사고 처리에 투입된 인원이 80만 명이나 되었고, 그 가운데 20만 명은 방사능에 심각하게 오염되었다. 특히 사고 처리를 한 젊은 군인들은 어느 현장에 투입되었는지도 모른 채 방사능 위험 속에서 오염물질 처리 작업을 했다.

　체르노빌 원전 4호기 발전소는 사고가 일어난 지 20여 년이 흐른 2008년에도 여전히 임시방편밖에 되지 않는 콘크리트로 격리해 놓은 상태다. 아직도 내부에는 엄청난 양의 방사능과 원자 물질이 들끓고 있어 건드릴 수조차 없는 상태다. 아마 잘 모르긴 해도 앞으로 10만 년 동안 콘크리트를 건드릴 수 없을 것이다.

　좁은 땅덩어리에 인구가 촘촘히 모여 사는 우리나라에는 원자력 발전소 21기가 있는데, 이들 가운데 어느 하나가 폭발한 다면 우리 국민이 겪어야 할 고통은 이루 말할 수 없을 것이다. 후쿠시마 원자력 발전소 폭발로 강원도만 한 지역이 방사능에 오염되었다. 만일 한국에서 원자력 발전소가 터지면 경상도나 전라도는 사람이 살 수 없는 땅으로 전락할 것이다.

성당을 다니지 않는 사람들은 강의가 끝난 뒤 나에게 묻는다. "신부님이 환경 강의를 하고 다니는 것이 참 생소합니다. 환경에 관심을 갖게 된 특별한 계기가 있으십니까?"

그러면 나는 "예! 저는 1986년 체르노빌 원자력 발전소 폭발 사건 때문에 환경에 관심을 갖게 되었습니다." 하고 대답한다.

내가 대학에 들어갈 때만 해도 서울대학교 원자력공학과는 인기학과였다. 그때 입학한 젊은이들이 지금은 세계 최고 기술 수준을 가진 원자력 강국의 밑거름이 되었다. 원유 가격이 치솟는 지금 원자력 발전소가 생산하는 전기에 대한 유혹은 더욱 거세어질 것이다. 우리나라는 2015년경에는 원자력 발전소를 약 25기 가동할 계획이다.

우리나라 원자력 발전소는 안전하다고 하지만 단 한 번 실수로 아름다운 금수강산이 엉망진창이 될 수도 있다. 원자력 발전소는 돌아보고 자세히 살펴서 마지막에는 이 땅에서 없애야 할 건물이다.

히로시마

미국은 1941년 진주만을 침공한 일본과의 고통스럽고도 힘겨운 태평양 전쟁을 끝내려고 1945년 8월 6일과 7일에 히로시마와 나가사키에 원자탄을 떨어뜨렸다. 인류 역사에서 가장 강력한 파괴력을 가진 원자탄은 반경 2킬로미터 안쪽의 수많은 목숨은 물론 도시 전체를 불바다로 만들며 2차 세계대전을 끝냈다. 2킬로미터 안쪽이라면 수원 화성만 한 넓이인데, 폭탄 하나가 버섯구름을 일으키며 히로시마와 나가사키의 넓은 지역 안에 사는 사람과 건물들, 그리고 숨 쉬는 모든 생물을 씨도 남기지 않고 새까만 재로 만들어 버렸다. 히로시마 원자탄이 떨어진 곳에 있던 사람들 증언을 들어보자!

8월 6일 아침 8시 15분경 B29기 2,3대가 북동쪽으로 날아갔다. 별로 신경을 쓰지 않았는데 다음 순간 번쩍! 맹렬한 빛이었다. 정신을 차려 손발을 움직여 보니 움직여졌다. 길 여기저기에서 사람들이 뛰쳐나왔고, 다른 큰길에는 양손을 흔들며 유령처럼 머리를 흐트러뜨린 반나체의 여자와, 온몸이 피투성이가 되어버린 사

람들로 넘쳐났다. 눈도, 귀도, 입도 녹아서 얼굴이 수박같이 되었
다. 나는 구토증이 나서 먹은 것을 모두 토하고 잠이 들었다. 그
후 화상을 입은 얼굴에서는 고름과 피와 땀이 흘러내렸다. 왼쪽
귀는 녹아 구더기가 끓고, 매일 학질에 걸린 것처럼 고열이 났다.

또 다른 증언으로 나가이 다카시의 자서전 「묵주알」에 나오
는 이야기가 있다.

원자폭탄 투하 3일째 되던 날, 학생들의 사상자 처리도 일단
락되었으므로 저녁때 나는 집으로 돌아갔다. 온통 재의 벌판뿐
이었다. 나는 그래도 곧바로 알아차렸다. 부엌 뒤쪽에 있는 검은
덩어리의 정체를. 그것은 타다 남은 아내의 골반과 요추였다. 바
로 그 옆에 십자가가 달린 묵주가 남아 있었다. 타다 남은 양동
이에 아내를 주워 넣었다. 그때까지도 따뜻했다. 나는 그것을 가
슴에 안고 무덤으로 갔다. 저녁노을이 비치는 잿더미 위에 검은
뼈들이 점점이 흩어져 있었다.

이 두 증언만 보더라도 원자탄이 얼마나 무서운 무기인지 알
수 있다. 1945년 뜨거운 여름 히로시마와 나가사키에 떨어진
원자탄은 단 한 번 폭발로 히로시마에서 17만 명, 나가사키에
서 7만 명을 재로 만들어 버렸고, 나머지 35만 7천 명은 방사능
오염과 화상으로 평생 고통 속에 살아야 했다. 원자폭탄 위력
이 얼마나 두려웠으면 자살특공대를 결성해 미국 군함에 돌진

하던 사무라이 정신이 단번에 꺾였겠는가!

　원자탄 피해는 바다 건너 일본의 불행만이 아니었다. 원폭 피해자 가운데 7만 명이 우리 한민족이었고 4만 명은 그 자리에서 사망했다. 일본은 우리 조상들을 강제로 끌고 가 종 부리듯 부려먹고 원폭 피해자들에게 보상 하나 제대로 해주지 않았다. 피도 눈물도 양심도 없는 인간들이다. 지금도 자기 나라 사람만 원폭 피해를 당한 양 세상 사람들에게 떠들어 대고 있는 모습이 가증스럽다.

　원자탄은 인간이 만들어 낸 무기 가운데 가장 강력하고 위험한 무기다. 현대 과학자들은 원자탄을 더 발전시켜 엄청난 화력을 뿜어내는 무기들을 속속 만들고 있다.

　북한도 이런 핵무기를 개발하고 있다. 지구촌 사람들 모두 북한 핵개발을 걱정하고 염려하는데 남한 사람들만 느긋하다. 같은 민족에게 핵무기를 쓸 리가 있겠느냐는 밑도 끝도 없는 막연한 믿음 때문이다. 나도 북한이 그렇게 너그러운 마음을 지니길 바란다. 하지만 남북 정치 군사 상황이 극단으로 치달을 때는 핵무기가 어떻게 쓰일지 누가 알겠는가? 원자력 발전소와 원자탄은 지구에서 영원히 사라져야 하는 악이다.

　핵폭탄이 떨어지는 곳에서는 그 누구도 안전할 수 없다. 착한 사람, 나쁜 사람, 군인, 민간인, 어린아이, 노인을 구별하지 않고 싹 쓸어버린다.

　미국은 1만 개가 넘는 핵탄두를 보유하고 있다. 러시아·중국·영국·프랑스·인도·파키스탄·이스라엘이 보유하고 있는 핵무기를 다 사용하면 지구촌에 살아 있는 생명체들을 몇천 번도 더 몰살할 수 있다. 러시아는 자국이 위험에 빠지면 언제든 핵무기를 쓰겠다고 공공연히 떠든다. 인류에게 지구온난화보다 더 무서운 상대는 죽어라 군비 경쟁을 하는 인간 자신이다.

미국이나 일본은 핵 이야기만 나오면 국가 전체가 촉각을 곤두세우는데 우리나라 사람들만 천하태평이다. 우리는 핵폭탄에 대한 두려움을 가져야 한다. 금수강산 한반도에서 핵무기는 영원히 사라져야 한다. 무슨 방법을 써서라도 비핵화지대를 만들어야 한다. 북한뿐 아니라 미국·중국·일본·러시아 그 어느 나라도 이 땅을 핵으로 위협할 자격이 없다. 인류 역사에서 원자탄 피해는 히로시마와 나가사키로 끝나야 한다.

월성 원자력 발전소

　10년 전, 환경운동을 함께하는 사제司祭들과 월성 원자력 발전소를 찾았다. 일반인 신분으로 발전소 구석구석을 돌아볼 수 있는 좋은 기회였다. 우리를 안내하던 담당자는 국제원자력기구(IAEA) 위원으로 활동했다는 분이었는데, 원자력은 석유 한 방울 나지 않는 우리나라가 선택할 수 있는 유일한 에너지라며 앞으로 더 많은 원자력 발전소를 지어야 한다고 주장했다.

　담당자는 발전소 여기저기를 보여주며 원자력 발전소는 안전하고 깨끗한 에너지라고 여러 차례 강조했다. 그런데 그분도 산더미같이 쌓여 있는 핵폐기물을 보여줄 때는 한숨을 지으며 '이 많은 핵폐기물을 어떻게 처리해야 할지 모르겠다!'고 말했다.

　방사능에 오염된 폐기물을 해골이 그려진 노란 드럼통에 넣어 4-5단씩 발전소 안에 있는 공터에 쌓아놓았는데 이제는 더이상 쌓아둘 곳이 없단다. 아니나 다를까, 몇 년 뒤 방사능폐기물 처리장 장소 선정 문제로 정부와 지역이 막가파 식 대치와 갈등을 겪으며 온 나라가 시끄러웠다.

'위험하기 그지없는 핵발전소를 왜 그렇게 많이 세웁니까?' 하고 물었더니, 대답은 어이없게도 에어컨 때문이란다. 여름철에 에어컨을 너무 많이 써대면 순간 최대전력이 자꾸 올라가고 전기회사에서 공급할 수 있는 전력을 초과하면 일시적으로 산업시설에 전력 공급이 끊어지는데 이는 엄청난 경제 손실로 이어진단다. 결국 에어컨 수요전력을 감당하기 위해 어쩔 수 없이 원자력 발전소를 더 지을 수밖에 없다는 이야기다.

결국 우려가 현실로 나타났다. 2011년 9월 15일 대구 온도가 34도까지 올라가자 초가을 폭염에 시달린 국민들이 지나치게 많은 에어컨을 켜서 전국이 정전사태를 겪어야 했다.

우리나라 사람들은 더운 여름에는 실내가 추울 정도로 에어컨을 켜놓아 냉방병에 걸리고, 추운 겨울에는 실내 온도를 지나치게 높인 나머지 반팔을 입고 산다. 유럽 사람들은 겨울에 집 안에서도 내복을 입고 그것도 모자라 무릎 위에 담요를 덮으면서 춥게 지낸다. 추운 겨울철에 속옷은 반팔이요 겉옷은 밍크를 걸친 우리나라 사람들을 보면 멋있어 보이는 게 아니라 보기가 민망하다.

금수강산 대한민국에 방사능으로 오염된 장갑, 옷 같은 폐기물을 더 이상 저장할 공간은 없다. 방사능폐기물 처리장을 새만금마저 빼앗긴 아픔의 땅 전라도 부안 앞바다에 설치하려다 실패하고, 경주에 짓기로 합의를 봤다. 이 방사능폐기물 처리장에 저장될 중·저준위 핵폐기물 반감기半減期가 1만 년이 넘는다 하니 경주도 걱정이다.

석유 값이 하늘 높은 줄 모르고 치솟는 처지에서 원자력 발전소에 의지해 전기를 생산하고 싶은 유혹이 점점 거세질 것은 불보듯 뻔하다. 이 좁은 나라에 원자력 발전소를 열 개나 더 지을 계획이고 그에 따라 또 다른 방사능폐기물 처리장이 필요할 텐데 그때는 또 어디에다 방폐장을 만들어야 하나?

더 많은 원자력 발전소를 만든다고 우리나라가 석유 스트레스에서 해방될 수 있을까? 원자력 발전소가 늘면 늘수록 한반도는 원자폭탄을 안방에서 끌어안고 사는 형국이다. 원자력 발전소 관련 사람들이 발전소 사고 확률이 100만 분의 1이라고 홍보하지만 30년 사이에 1979년 스리마일, 1986년 체르노빌, 2011년 후쿠시마까지 세 번이나 되는 대형사고가 터졌다. 에너지 해결책은 재생 가능하고 지구를 오염시키지 않는 에너지여야 한다.

북유럽은 태양광 발전기, 풍력 발전기, 조력 발전소, 지열 발전 시스템 같은 신재생에너지 개발에 총력을 기울이는데 우리나라는 어디에다 신경을 쓰는지 모르겠다.

후쿠시마 원자력 발전소

2011년 3월 11일 일본 북동부 지방에서 리히터 규모 9.0으로 일본 역사상 최악의 지진과 쓰나미가 일어났다. 지진은 우리나라 서울에서 부산에 이르는 일본 북동부 지역 전체를 흔들었다. 지진 여파로 초대형 쓰나미가 해안가를 덮쳤고 쓰나미가 지나간 자리는 부서진 건물, 뒤집어진 자동차로 아수라장이 되었으며 그 위를 시체들이 둥둥 떠다녔다.

일본에서 일어난 지진과 쓰나미만으로도 세계가 공포에 휩싸이기에 충분했는데 더 끔찍한 일이 일어나고 말았다. 후쿠시마 제1 원자력 발전소 폭발이었다.

발전소 안에는 6개의 원자로와 6,375개의 폐연료봉이 있었다. 지진과 쓰나미로 송전탑이 무너지고 전선이 끊어지면서 제1 원자력 발전소 냉각장치에 전기를 공급할 수 없었다. 원자력 발전소에 냉각수를 공급할 수 없으면 연료봉에 열이 나고 수소가 발생해서 결국 폭발하고 만다. 우리나라 원자력 발전소는 바닷가에 건설해서 바닷물을 끌어들여 핵분열로 달구어진 반응로의 열을 식힌다. 내륙 지역에 설치한 원자력 발전소 옆에는 엄청 큰 저수지를 만들어 반응로를 식힌다. 만일 원자로에서 발생하는 열을 식히지 못하면 반응로의 열이 올라가 원자력 발전소는 핵폭탄으로 돌변한다.

생태마을 사제관에서 부관장 신부와 일본 후쿠시마 원자력 발전소가 터지는 장면을 텔레비전으로 보고 있었다.
"부관장 신부, 저거 원자력 발전소 터진 거 같은데!"
"일본 관방장관은 터진 게 아니라고 말하는데요!"
"아니야. 저건 분명 터진 거야! 역사적으로 원래 원자력 발전소에 관계된 사람들은 사고가 나면 일단 축소 은폐가 기본이거든! 봐라! 저건 냉각수 공급이 안 돼서 폐연료봉이 점점 뜨거워져 그 열을 못 견디고 터진 거야! 일본 이제 큰일 났다!"
처음에는 원자력 발전소가 터진 게 아니라던 장관들은 지진이 일어나고 한 달 뒤인 4월 12일, 국제 원자력 사고 최고등급인 7등급을 선언했다.
연료봉을 동그랗게 감싸고 있는 격납용기 4호기가 가장 먼저 폭발하고 그다음 2호기가 폭발했다. 원자력 발전소 직원들은 헬리콥터로 물을 뿌리고 소방차로 물을 뿌려 연료봉에서 발생하는 열을 식히려 했지만 1호기와 3호기도 폭발해 버리고 말았다. 원자력 관련 과학자들은 격납용기가 파손됐다면 원자로를 보호하는 마지막 방어선이 뚫린 것이고 엄청난 양의 방사능 물질이 방출될 가능성이 높다고 말한다.
일본은 이 사고 후 발전소 반경 20킬로미터 사람들을 모두 대

피시켰는가 하면 미국·프랑스·독일·러시아·중국 정부는 방사능 누출로 인한 피해를 막기 위해 자국민들에게 일본을 떠나라고 권고했다.

후쿠시마 원자력 발전소 격납용기가 폭발할 때, 히로시마에 떨어졌던 원자탄보다 방사성이 168배나 더 강한 세슘이 방출되었다. 방사선이 사람을 통과하면 전리작용을 통해 세포의 증식과 생존에 필수적인 유전자에 변성을 가져올 수 있다. 후쿠시마 원자력 발전소에서 가장 많이 누출된 세슘−137은 강력한 감마선으로 암세포를 죽이기 때문에 병원에서 자궁암 치료에 사용하기도 하지만, 정상세포를 가진 사람이 세슘에 노출되면 암이 발생할 가능성이 높아진다. 후쿠시마 발전소 반경 20킬로미터 안은 사람이 살 땅으로 회복할 길이 없다.

원자력 발전소가 폭발했다는 이야기는 원자탄이 터졌다는 이야기와 똑같다. 핵발전소를 많이 운영하는 나라는 그만큼 핵 피해를 입을 가능성이 많다. 북한이 핵을 보유한 사실을 문제 삼으며 비난하지만 우리나라는 북한보다 더 많은 핵폭탄이 있다고 해도 틀린 말은 아니다.

1970년 오일쇼크를 겪으면서 석유가 없는 나라들은 석유를 대신할 에너지를 찾아 나섰다. 덴마크·스웨덴·독일은 이산화탄소 배출은 줄이면서 무제한 쓸 수 있는 바람·태양을 이용한 재생에너지 개발에 온 힘을 쏟았고, 미국·프랑스·일본·한국은 언제 터질지 모르는 원자력 발전소 짓는 데 열을 올렸다.

40년이 지난 지금 신재생에너지를 개발한 나라들은 중동이 석유 전쟁을 하든 말든, 일본 후쿠시마 원자력 발전소가 폭발하든 말든 걱정하지 않고 행복한 미래를 꿈꾸는 나라가 되었다. 반대로 원자력 발전소를 21기 운영하는 한국과 58기를 운영하는 프랑스, 55기를 운영하는 일본은 앞으로 위험한 상황이 펼쳐질까 봐 전전긍긍한다.

덴마크는 처음부터 원자력 발전소 없이 경제발전을 일구어서 경제는 70퍼센트 성장했지만 에너지 수요는 겨우 17퍼센트밖에 늘지 않았다. 원자력 발전소가 없어도 2011년 기준으로 국민소득은 5만 달러로 세계에서 네 번째로 잘사는 나라다. 덴마크와 스웨덴을 보면 원자력 발전소가 없으면 나라 경제는 발전할 수 없을 거라는 각국 정부와 정치인들의 주장이 틀렸음을 알 수 있다.

신재생에너지 개발에 총력을 기울인 스웨덴도 2006년에 석유 독립선언을 했다. 나라가 더 이상 석유 때문에 흔들리지 않고, 재생에너지만으로도 경제발전이 가능하다는 선언이다. 스웨덴은 소똥에서 발생하는 메탄가스를 모아 시내버스뿐 아니라 기차까지도 운행한다. 스웨덴이 신재생에너지를 사용한 결과 이산화탄소 배출도 줄일 수 있었고, 국민들은 자연을 사랑하고 에너지를 절약하는 마음이 늘어 행복지수까지 높다.

핵에너지만이 석유를 대신할 수 있는 유일한 대안이라고 주장하던 한국 에너지관리 공단도 2010년 보고서에 '덴마크는 에너지 효율성을 높이기 위해 꾸준하고 집중적인 투자를 했다. 이를 통해 화석연료에 대한 의존도를 낮추고 환경을 보호하는 효과를 동시에 가져왔다.'고 풀이했다.

친환경에너지를 가지고 경제발전을 이룬 나라들은 자연이 베푼 혜택을 맘껏 누리며 산다. 반면 자연을 영구히 파괴할 위험이 엄연히 있는데도 원자력 발전소를 선택한 일본은 원자력 발전소 폭발이라는 초유의 사태를 당했을 뿐 아니라 그로 인해 앞으로 몇 년을 더 고통 받을지 모른다.

일본은 원자력 발전소 폭발 1년이 지난 지금도 방사능에 오염된 쌀·땅·나무·생선·바닷물에 대한 이야기를 날마다 발표한다.

독일도 원자력 발전소를 지었지만 체르노빌 원자력 발전소 폭발 사건을 겪으면서, 원자력 발전소 17기를 2029년까지 모두 폐쇄한다는 '원자력 합의'를 이뤘다. 더욱이 일본 후쿠시마 원자력 발전소 폭발 사건을 보면서 메르켈 총리는 2020년까지 원자력 발전소 가동을 중단하겠다고 선언했다.

독일은 한 걸음 더 나아가 2050년에는 신재생에너지 비율을 80퍼센트까지 끌어올리겠다는 계획을 수립한 상태다. 미래가 밝은 나라다. 반면 프랑스와 일본·미국·한국은 여전히 핵에 목을 맨다. 더욱이 한국 장관들은 '원자력 발전소는 선택이 아니라 필수'라는 어처구니없는 발언을 서슴없이 한다.

일본은 1966년 7월 처음으로 상업용 원자력 발전소를 건설한 이후 세계에서 가장 공격적으로 원자력 발전소를 지은 나라다. 이제까지 원자력 발전소 55기를 운행하던 일본은 앞으로 14기를 더 만들 계획이었다. 물론 2011년 후쿠시마 원자력 발전소 폭발사고를 겪으면서 문제를 일으키는 발전소는 중단하고 앞으로는 원자력 발전소 건립 계획 자체를 폐기하려는 움직임이다.

일본 사람들이 원자력 발전소에 의지한 결과는 참담하다. 1년이 지난 지금까지 일본 후쿠시마 원자력 발전소는 방사능을 누출하고 있기 때문이다.

원자력 발전소는 절대 안전한 에너지라고 아무리 외쳐대고 엄청난 돈을 들여 홍보해도 이미 미국의 스리마일 원자력 발전소가 터지기 일보 직전까지 갔고, 소련의 체르노빌 원자력 발전소가 터졌고, 2011년 이웃 일본의 원자력 발전소가 터졌다. 우리나라도 '원자력 발전소 기계에 결함이 생겼다. 중고 기계를 납품하고 냉각기에 문제가 발생한다.'라는 발표를 심심치 않게 한다. 원자력 발전소가 매우 완벽한 체계로 안전하다고 홍보하지만 사람이 운영하는 한 반드시 부정부패나 실수를 저지를 수밖에 없다.

다른 나라 원자력 발전소가 터지는 것과 한국 원자력 발전소가 터지는 건 완전히 다른 문제다. 일본은 국토 총 길이가 2,000킬로미터가 넘는다. 하지만 우리나라는 500킬로미터밖에 안 된다. 원자력 발전소가 하나만 터지더라도 국토의 반은 사람이 살기 힘든 공간이 된다. '설마가 사람 잡는다.'는 말이 있다. 설마 원자력 발전소가 터지겠느냐는 안일한 생각이 이제까지 소중하게 가꾼 금수강산을 하루아침에 망가뜨릴 수 있다.

우리나라가 핵에너지 개발에 집중하고 공급 위주의 에너지 정책을 고수하는 동안 에너지 선진국들은 재생 가능한 에너지를 확대하고 에너지 효율을 높이는 수요관리 정책을 추진해 왔다. 그 결과 신재생에너지 개발에 앞장선 나라(덴마크·스위스·오스트리아·아이슬란드·핀란드·스웨덴)들은 행복지수가 높은 나라 순위에서 10위 안에 다 들어갔다. 일본 후쿠시마 원전 폭발사고 직후 독일은 핵발전소 7기 폐쇄 결정을 내렸다. 진정으로 대한민국 자손들에게 아름답고 행복한 미래를 선물하고 싶다면 원자력 발전소 대신 신재생에너지 개발에 총력을 기울여야 한다.

원자력 발전이 안전하다고만 외치는 현 정부를 하루빨리 정신 차리게 해서 핵발전에너지가 아닌 신재생에너지로 정책을 전환하게 하는 힘은 오직 깨어 있는 국민한테서 나온다.

전기 흡혈귀 Power Vampire

　　2008년 미국 경제위기가 닥쳤을 때 원유 값은 140달러까지 치솟았다. 원유가 1배럴당 200달러까지 오를 거라는 예측이 나돌았다. 석유 한 방울 나지 않는 한국에게 고유가 시대는 곧 고통의 때다. 요즘 자동차에 기름 넣기가 무섭다. 평창에 사는 나는 석유 1리터에 2,000원이 넘어가면 서울 한 번 갔다 오는 데 10만 원이 든다. 석유 값이 100달러 아래로 내려가야 세계 경제가 안정되는데 이란 핵 문제로 석유 값이 폭등하려는 조짐이 보인다. 석유 한 방울 나지 않는 한국은 원유 1배럴에 1달러만 올라도 긴장해야 하는데 사람들은 지금 우리가 얼마나 위험한 상황에 처해 있는지 잘 모르는 것 같다.

　　2008년 원유 값이 140달러가 넘어 나라 경제도 무너지고 개인 살림살이도 버티지 못한다고 했을 때도 우리는 에너지 절약을 하지 않았다. 밤거리에 나가보면 환한 대낮인지 밤인지 구분이 안 된다. 미국이나 유럽에 가 봐라! 밤은 그야말로 깜깜한 밤일 뿐이다. 우리나라는 라스베이거스가 울고 갈 정도로 휘황찬란한 불빛으로 도시의 밤을 밝힌다.

도대체 우리 머릿속에 '에너지 절약'이라는 개념이 있기나 한지 궁금하다. 독일 사람들은 텔레비전을 본 후 플러그를 뽑는 집이 78퍼센트나 되는 반면 우리나라는 10퍼센트도 안 된다.

텔레비전이나 선풍기를 쓰고 난 뒤 플러그를 뽑지 않으면 전력의 11퍼센트가 계속 돌아간다. 이 대기 전력을 영어로는 사람의 피를 빨아먹는 흡혈귀와 비교해서 전기 흡혈귀Power Vampire라고 부른다.

독일 사람들은 낮에 방이나 사무실에 불을 켜는 경우가 없다. 설계할 때 지붕에 구멍을 뚫어 자연광으로 방을 밝힌다. 우리는 낮이고 밤이고 일단 방에만 들어가면 햇빛이 쨍쨍한 날에도 불을 켠다. 도시에 가 보면 환한 낮에도 사무실이며 식당에 전등을 몇십 개씩 켜놓는다.

우리나라 환경부 공무원이 환경정책을 배우러 독일 환경부에 갔는데 독일 공무원은 한국 손님들한테 설명회를 하면서도 낮에 사무실에 불을 켜지 않더란다.

우리는 어떤가? 대형마트에 가기 위해 외출할 때도 옷 갈아입기 싫어서 반팔에 반바지 차림으로 외출한다. 차에 타자마자 히터 온도를 잔뜩 올려 바깥 추위와는 상관없이 뜨뜻하게 대형마트까지 간다. 대형마트 또한 겨울인지 여름인지 모를 정도로 난방을 해서 반팔을 입고 돌아다녀도 추위를 모른다. 겨울에 반팔 입고 다니는 것을 무슨 멋있는 패션 유행을 일으키고 다니는 것으로 아는데 한마디로 '정신 나간' 패션이고 석유 한 방울 나지 않는 대한민국에 어울리지 않는 패션이다.

전기 흡혈귀가 우리 경제 목덜미에 붙어서 피를 빨아먹고 있는데 우리는 정신을 못 차린다. 도대체 어떻게 하면 절약하는 삶이 온 국민들 뼛속 깊이 박힐 수 있을까? 에너지를 절약하자는 구호도 많고 중요성도 온 국민이 알고 있는데 구체적인 실천이 없다.

석유 한 방울 나지 않는 우리나라에서 산다는 게 얼마나 힘든지 알아보자. 평범한 가정에 한 달 전기요금이 보통 2만 원 정도 나온다. 만일 에어컨을 가동한다면 누진요금이 붙어서 10만 원이 훌쩍 넘어간다. 우리가 방에 켜는 등 하나가 보통 30와트이고, 텔레비전이 70-100와트, 컴퓨터가 200-400와트, 냉장고가 300-500와트, 에어컨이 1,000-2,000와트 정도이다. 여름에 덥다고 에어컨을 틀면 70개나 되는 전등을 동시에 켜는 것과 같다. 이 통계를 보면 냉장고 문을 왜 빨리 닫아야 하는지, 컴퓨터를 사용하지 않을 때 왜 꺼야 하는지, 그리고 결정적으로 왜 여름에 에어컨을 꺼야 하는지 알 수 있다.

여름에는 에어컨 때문에 누진요금이 붙어 살인적인 전기요금이 나오지만 겨울에는 난방비 때문에 모든 가정이 힘들다. 겨울에는 아무리 아껴도 난방비로 한 달에 십만 원 정도 든다. 전체 난방 하는 게 아깝다고 전열기를 쓰는 집도 많은데 그 전열기가 전기를 많이 잡아먹어 누진요금이 붙어 십만 원, 이십만 원 나오는 집도 많다.

전기 1킬로와트의 값은 54원인데 에어컨을 마구 써버리면 누진요금이 붙어서 1킬로와트에 무려 606원이나 된다. 전기 제품을 쓰지 않을 때 전기의 피를 빨아먹는 플러그를 뽑는 일은 석유 한 방울 나지 않는 나라에 사는 사람이라면 당연히 실천해야 한다.

다음은 수도요금이다. 수돗물을 절약하는 집이라면 보통 한 달에 1만 원 정도 물값을 낸다. 수도요금은 1톤에 704원이다. 하루에 물 1톤을 쓰면 한 달이면 30톤이기에 한 달이면 2만 원어치 물을 사용한다. 덴마크는 1톤에 1만 1천 원, 프랑스는 4천6백 원, 독일은 4천 원을 받는다. 독일에서 한국 사람처럼 물을 쓰면 한 달에 물값으로 12만 원을 내야 한다. 물값이 비싼 독일 사람들은 물을 아낄 수밖에 없다. 그래서 독일에서 한 달에 수도요금을 2만 원 이상 내는 집이라면 물을 펑펑 쓰는 집이다. 세계에서 우리나라처럼 물값 싼 나라는 없다. 그래서 그런지 물을 물 쓰듯 한다.

휴대폰 천국인 우리나라 통신료는 네 명이 사는 가정으로 따지면 보통 15만에서 20만 원 정도 나온다. 또 우리 허리를 휘게 하는 건 교통비다. 버스를 타고 출퇴근해도 한 달에 5,6만 원이 든다. 경량차 타는 사람들은 한 달에 10만 원 정도 들고, 중형차를 타는 사람들은 20만 원 정도 들어간다. 석유 값이 1리터당 2천 원이 넘어서면 자동차 유지 경비는 훨씬 많이 들어간다.

사람이라면 또 먹고살아야 한다! 라면만 먹는다 해도 한 달에 15만 원 든다. 네 식구가 김치하고 라면만 먹어도 60만 원이 든다는 이야기다. 거기다가 아이를 학원에 보내면 아무리 안 들어도 30만 원에서 50만 원 정도 든다. 또 성당 다니는 사람은 헌금 내야지, 성당 지으면 신축금 내야지 해서 돈 없으면 성당도 못 다닐 판이다. 최소한 한 달에 170만 원이 있어야 사람처럼 살 수 있다. 여기다 대학생 자녀라도 있으면 4백에서 5백만 원 들어가는 등록금에 아프기라도 하면 병원에 가야 하기 때문에 대한민국에서 산다는 것 자체가 힘겨운 투쟁이라는 생각도 든다. 그런데도 우리나라는 절약이라는 구호는 온데간데없고 국가 전체가 흥청망청 낭비한다.

우리나라처럼 석유 한 방울 나지 않는 독일은 73년과 78년에 오일쇼크를 겪으면서 독일이 살 길은 절약뿐이라고 외치면서 에너지의 40퍼센트까지 절약해서 오늘의 통일 독일을 일구어 냈다.

도대체 우리나라는 무슨 생각을 하고 사는지 모르겠다. 독일이 태양과 풍력을 통해 신재생에너지 강국으로 나아간 것은 녹색당 헤르베르트 그룰과 페트라 켈리 의원이 몇십 년간 꾸준히 국회를 설득하고 국민을 설득한 덕분이다. 우리나라 국회의원들은 자기 밥그릇 챙기느라 나라와 국민들이 정작 필요한 것은 챙기지 않는다. 앞으로 세계 경제상황은 더욱더 불안할 것이다. 지구에 자원은 한정되어 있는데 경제개발 국가를 비롯해서 선진국들은 엄청난 양의 에너지를 소비한다. 세계 경제가 지쳐 있다. 자본주의에 문제점이 많다.

이제는 소비가 미덕이 아니라 아껴 쓰고 나눠 쓰는 절약이 미덕인 시대가 왔다.

미래의 희망인 태양

미국은 21세기에 들어선 2003년에 인권을 탄압하는 독재자 제거와 알카에다 테러조직을 뿌리째 뽑아버리겠다는 명분으로 머나먼 중동에 있는 이라크와 전쟁을 벌였다. 이라크 전쟁 때문에 미국 국내 경제도 흔들리고 국제적 위상도 흔들렸으며 국제사회에서 집중 비난도 받았다. 전쟁하는 미국을 맘에 들어하지 않는 사람들은 죄 없는 이라크 국민들을 보호하겠다며 인간 방패로 자원自願까지 했다. 그런데도 미국은 눈썹 하나 까딱하지 않고 '공포와 충격'이라는 무서운 작전명령으로 이라크를 초토화했다.

미국과 이라크는 바로 옆에 붙어 있는 나라도 아닌데 미국이 온갖 구실을 만들어 이라크를 침략한 진짜 이유는 석유 확보 때문이라는 것은 길 가는 초등학생들도 안다. 미국은 세계 석유 매장량 12위 국가이면서도 워낙 많은 석유를 쓰기 때문에 석유 수입 또한 세계 1위다. 2015년이면 미국 내 석유가 바닥을 드러내기 시작할 것이기에 정치인으로서 10년 뒤 일을 준비하지 않을 수 없었을 것이다.

특히 석유 매장량 세계 2위 국가로 1,500억 배럴이 묻혀 있어 땅만 파면 바로 뽑아 올릴 수 있는 이라크의 원유는 군침 흘리기에 충분했다. 이라크가 가진 석유는 우리나라가 100년 쓸 양이다. 텍사스 유전에서 원유 1배럴(159리터)을 뽑아 올리는 데 드는 비용은 대략 14달러인 데 비해 이라크에서 원유 1배럴을 뽑아 올리는 데 드는 비용은 1달러 정도라니 어느 강대국이 탐내지 않겠는가! 석유 쟁탈 전쟁은 원유를 다 뽑아 쓸 때까지 끝나지 않을 것이다.

이제 다른 각도에서 이라크 전쟁을 바라보고 싶다.

세계는 이라크 전쟁이 일어난 2003년부터 에너지 전쟁을 시작했다. 러시아가 테러로 어린 학생들이 몇백 명씩 죽어도 체첸을 포기하지 않는 이유는 석유 때문이다. 체첸은 우리나라 충청도 면적밖에 안 되는 좁은 땅덩어리를 가진 나라인데 나라 땅 전체에 석유가 묻혀 있다. 21세기는 에너지를 거머쥐는 국가가 강대국이다. 이 사실을 매우 잘 아는 미국은 아프가니스탄 전쟁을 통해 카스피 해 유전을 확보했고, 이라크 전쟁을 통해 세계에서 가장 개발이 안 된 노다지(No Touch) 원유를 확보했다.

그렇다면 석유 한 방울 나지 않는 우리나라는 앞날을 어떻게 준비하고 있는가? 생각하면 할수록 답답하고 한심하기 그지없다. 정치인들은 하루가 멀다 하고 이당 저당을 떠돌아다니며 이합집산을 거듭하고 국회 안에서는 멱살잡이하는 꼴불견만 늘어난다. 정권 쟁취를 위해 여야 모두 당 이름까지 바꾸기를 주저하지 않는데 그럴 힘 있으면 대체에너지 개발에 온 힘을 쏟아야 한다. 우리나라 신재생에너지 소비율은 국가 에너지 총 소비량의 1퍼센트도 안 되고 에너지 의존율이 가장 높은 석유는 이 땅에서 한 방울도 나지 않는다.

중동지역 원유 매장량은 세계 매장량의 65퍼센트를 차지한다. 원유 사용량의 대부분을 중동에서 수입하는 우리나라로서는 중동에서 기침만 해도 벌벌 떨고 온 나라 경제가 쑥대밭이된다. 이란 핵 개발이 국제 문제가 되니까 미국은 우리나라에 이란 석유 수입 금지를 요청했다. 우리가 수입하는 석유 가운데 이란 석유가 가장 싼데 어떻게 해야 하나? 미국 눈치, 이란 눈치 보느라 피곤하다. 우리가 석유 대체에너지 개발에 투자하지 않으면 우리나라는 결코 평온함을 누리지 못할 것이다. 우리뿐 아니라 온 세계가 재생 가능한 에너지를 개발해야 평화로운 세계를 꿈꿀 수 있다.

신재생에너지 가운데 가장 매력적인 에너지는 태양이다. 태양에너지는 인류에게 마르지 않는 에너지를 공급해 줄 수 있다. 1시간 15분 동안 지구를 비추는 태양열은 지구촌 모든 나라가 1년 동안 쓸 수 있는 에너지의 양이다. 태양에너지는 오염물질도 거의 발생하지 않는다.

우리나라에 내리쬐는 햇빛의 강도는, 태양에너지 개발에 국가의 모든 힘을 쏟아붓는 독일보다 1.5배 강하다. 또한 태양 전지판을 만드는 반도체 기술은 세계 최고 수준이다. 이렇게 좋은 조건을 갖추고 있는데도 미국에서 태양 전지판을 수입해 쓴다. 정부와 대기업이 눈앞의 이익에만 매달리고 미래 에너지에 대한 투자를 하지 않는다. 몇 년 안에 석유 파동은 쓰나미 밀려오듯 우리나라 경제에 들이닥칠 것이다. 아니 이미 와 있다.

4대 강 살린다며 쏟아부은 23조를 태양에너지 개발에 투자했더라면, 원유 값 뛴다고 벌벌 떨지 않아도 되었을 것이다.

흥청망청 먹고 마시며 노는 향락산업에 낭비되는 돈을 태양에너지, 풍력에너지, 조력에너지 개발에 투자한다면 우리나라는 풍요로운 국가로 발돋움할 수 있다. 학원비에 들어가는 돈을 재생 가능한 에너지 개발에 투자한다면 우리 아이들도 지옥같은 입시경쟁의 고통에서 벗어날 수 있을 것이다.

우리나라 5천 년 역사 가운데 지금처럼 국가 경제가 융성한 적이 없었다. 우리는 중국에 공물을 바쳤고 일본은 우리 식량을 약탈해 갔다. 한강의 기적을 일군 지금 한국은 세계를 상대로 돈을 벌어들이고 있다. 지금이 바로 대한민국이 도약할 절호의 기회다. 이 기회를 놓치면 다시 강력한 힘을 기르는 중국에 공물을 바쳐야 하고 국민들은 배고픔에 허덕일지도 모르겠다.

1492년 콜럼버스를 시작으로 대항해 시대를 연 스페인, 포르투갈은 인도와 남미 대륙에서 엄청난 양의 황금·은·향신료를 빼앗아 상상할 수도 없는 부를 축적했다. 하지만 어리석은 이베리아 반도 사람들은 착취한 황금을 국토개발과 경제발전에 투자하지 않고 흥청망청 소비했다. 결국 스페인과 포르투갈은 유럽 강대국 반열에서 변방국가로 밀려났다. 스페인은 청년 실업률이 현재 50퍼센트다. 스페인은 우리나라보다 다섯 배 큰 땅덩어리를 가졌다. 끝없이 넓은 밀밭, 올리브밭, 오렌지밭을 가

성 필립보 생태마을에 설치된 풍력 발전기와 태양광 발전기.

졌지만 나라 경제는 점점 추락하는 상태다.

　대한민국이 지금 벌어들이는 외화로 국토개발과 미래 경제에 힘쓰지 않으면 한강의 기적은 앞으로 50년 반짝하고 말 것이다. 우리나라가 앞으로 태평성대를 누리려면 식량 증산에 투자해야 한다. 산림을 경제림으로 바꾸고, 야산은 유실수나 밀밭으로 개발해야 한다. 국토를 개발할 때는 천 년 뒤까지 염두에 두어야 한다.

　유럽은 1500년경 토지 대개혁을 통해 식량 자급을 이루어 지금까지도 선진국 지위를 지키고 있다. 선진 유럽국가들은 이제 신재생에너지 개발에 국가 역량을 집중한다. 우리나라 정치인들도 자기 이익만 챙기느라 엉뚱한 토목사업에 세금 쏟아붓지 말고 신재생에너지 개발에 모든 힘을 기울여 에너지 독립을 해야 한다.

　대한민국의 희망은 태양이다.

8

단상斷想

삼보일배

"'저는 아이입니다.' 하지 마라. 너는 내가 보내면 누구에게나 가야 하고, 내가 명령하는 것이면 무엇이나 말해야 한다."(예레 1,7)

예언자 예레미야에게 내리신 하느님의 말씀이다.

1989년 평양에서 열린 전국 대학생 축제에 참가하기 위해 아무도 모르게 북한에 들어갔던 임수경 씨의 대담한 행동은 남북 모두에게 큰 충격을 주었다. 임수경 씨가 북한에서 보여준 행동은 우리에게 많은 생각을 하게 했다. 임수경 씨가 북쪽에서 그렇게 당당하게 행동하긴 했지만 군사정권 시절이었기에 정작 본인은 두렵고 떨리고 힘겨운 날들이었으리라! 분명 임수경 씨에게 남쪽으로 돌아오는 귀향길은 죽음의 길이었다. 그때 착한 목자 한 분이 북쪽으로 넘어가 양을 품에 안듯 임수경 씨의 손을 꼭 쥐고 판문점을 넘어오던 장면은 33년이 지난 지금도 후배 사제인 나에게 감동을 주기에 충분하다.

몇 해 전 금강산에 올랐을 때 북측 안내원과 이런저런 이야기를 나누다가 '나는 천주교 신부'라고 말했더니, 곧 문규현 신부님 이야기를 꺼냈다. 북측 안내원은 조금도 망설이지 않고 그분을, 임수경 씨를 데리고 간 훌륭한 사람이란다. 북측이 어려우니 남측 종교인들이 많이 도와 달라고도 한다.

금강산에서 문규현 신부님에 대한 존경을 다시 한 번 마음 깊이 느꼈다. 그런데 또다시 문규현 신부님을 뇌리에 깊이 새기게 한 사건이 일어났다. 새만금을 지키기 위해 문규현 신부님이 삼보일배의 순례길을 선택하신 사건이다.

불교 예식은 공경도 정도에 따라 9등급으로 나누는데, 가장 높은 등급이 오체투지五體投地다. 문규현 신부님을 포함한 네 분 성직자는 정치인들의 정권 야욕 속에 농락당하는 새만금 갯벌을 살리기 위해 새만금에서부터 서울 광화문까지 무려 305킬로미터나 되는 길을 세 걸음 걷고 한 번 절하는 고행길에 나섰다.

한국천주교주교회의 환경위원회 총무로서 삼보일배를 하는 네 분 성직자를 도와줄 일이 없나 해서 신부님을 찾았을 때 하얀 이를 드러내며 밝게 웃는 미소에서 거룩함마저 느껴졌다. 얼마나 고통스러운 길이었던지 몸은 말라서 예전 풍채를 찾아볼 길이 없었다. 하루에 2천 번 이상 60일을 쉬지 않고 절한 무릎은 새까맣게 죽어 있었다. 형님인 문정현 신부님은 몇 번이고 동생의 고행길을 말렸으나, "'저는 아이입니다.' 하지 마라. 너는 내가 보내면 누구에게나 가야 하고, 내가 명령하는 것이면 무엇이나 말해야 한다."는 하느님의 말씀을 온몸으로 실천하는 동생 신부의 신념을 꺾지 못했다.

도대체 무엇 때문에 문 신부님과 수경 스님, 김경일 교무님,

이회운 목사님은 이 고난의 길을 걸으셨을까? 이 시대를 같이 살아가고 있는 한 사람으로서 묻지 않을 수 없다.

　네 분 성직자의 목적은 새만금 간척사업이 무조건 잘못이고 나쁜 국가사업이라고 비난하는 것이 아니었다. 그동안 개발되지 않았던 전라북도의 발전을 위한 국가사업을 방해하고자 하는 일은 더욱 아니었다. 네 분 성직자도 오랜 세월 군사정권이 정치·사회적 이유로 외면했던 전라북도의 경제부흥을 간절히 바라고 있었다. 오히려 그 어느 누구보다 전라북도에 대한 사랑이 깊은 분들이다.

　전라북도를 사랑하지 않았다면, 60일 동안 길거리에서 노숙자처럼 먹고 자면서 삼보일배라는 힘들고 고통스런 길을 걸었겠는가? 전라도를 사랑한다는 정치인들이 단 일주일이라도 삼보일배를 해봤더라면, 네 분 성직자의 간절한 바람을 충분히 깨달을 수 있었을 것이다.

　이제 새만금을 생각해 보자!

　새만금 갯벌이야말로 지구별의 자랑거리요, 이 땅의 보물이다. 표를 의식한 정치인들이 경제적으로 이익이 된다고 새만금 간척사업을 진행한다고는 하지만 도무지 이치에 닿지 않는다. 새만금 갯벌만으로도 수많은 관광객과 자연체험 프로그램을 실시할 수 있고, 경제적 이윤도 몇백 년 아니 몇천 년까지도 낼 수 있다. 새만금 갯벌 1억 2천만 평을 생태관광지로 개발했다면 벌써 세계에서 최고로 매력 있는 관광지가 되었을 것이다.

새만금을 원래의 갯벌 상태로 되돌려야 하는 이유 세 가지만 들어보겠다.

　첫째, 새만금은 다양한 생물들이 살고 있는 생태계의 보물이다. 유엔개발계획 사무총장을 지냈고, 현재 예일 대학의 산림환경학부 학장으로 있는 제임스 구스타브 스페스는 그의 책 「아침의 붉은 하늘」에서 '지구에 사는 인간들이 지구에게 가장 미안하게 생각해야 할 것은 이루 다 헤아릴 수도 없는 생물들이 인간에 의해서 사라져 가는 것이다.'라고 말한다.

　끝도 보이지 않는 1억 2천만 평에 이르는 드넓은 갯벌에는 온갖 생물이 모여 산다. 수많은 조개·해삼·갯지렁이·낙지·게들이 새만금 갯벌에 터를 잡고 산다. 온갖 철새들이 쉬어 갈 뿐 아니라 우리도 새만금 갯벌의 혜택을 몇천 년 동안 누리며 살아왔다. 주변 주민들은 빈손으로 나가 대여섯 시간만 갯벌을 파면, 5만 원에서 7만 원어치나 되는 백합조개와 낙지를 잡을 수 있다. 그들은 새만금 갯벌에서 보물처럼 쏟아져 나오는 해산물로 아들딸 교육시키며 살아왔다. 또한 바다 생물의 90퍼센트 이상이 새만금 갯벌에 와서 산란하기 때문에 갯벌은 온갖 생명이 탄생하는 자궁이다.

　둘째, 새만금 갯벌의 정화작용이다. 갯벌은 도시문명이 쏟아내는 인간들의 온갖 오염물질을 아무런 불평 없이 받아들여 깨끗하게 처리한다. 여름만 되면 갯벌이 없는 동해안과 남해안은 적조가 생겨 바다 양식장의 물고기를 죽이고 어민을 죽이지만, 서해안은 갯벌 덕분에 아직도 적조 피해를 입지 않았다. 새만금은 전라도 사람들이 쓰고 버린 더러운 물을 깨끗하게 만들어서 바다로 내보냈다.

33킬로미터에 이르는 방조제를 쌓아 바다로 흘러나가는 물을 막으면, 만경강과 동진강에서 흘러드는 오염물질을 정화할 수 없어 새만금은 썩고 말 것이다. 아니 방조제를 쌓는 순간부터 새만금 안의 물은 썩기 시작했다. 새만금 방조제를 다 쌓고 난 2011년 말, 새만금 안에 있는 호수의 생물학적 산소요구량은 10ppm에 이르렀다. 생물학적 산소요구량이 10ppm이라면 식수는 물론 농업용수로도 쓸 수 없을 만큼 오염된 물이다.

10년 전에 새만금처럼 방조제로 막은 시화호에 가 보았다. 방조제 옆으로 쌓인 오염물질은 온갖 악취를 뿜어내고 있었고, 오염물질이 딱딱하게 굳어 딱지가 져 있어 그 위를 쿨렁거리면서 걸을 수 있었다. 썩어 들어가는 시화호를 정화할 수 없어 결국에는 담수호를 포기하고 바닷물을 다시 끌어들였다. 그 결과 철새들이 다시 날아들고, 갯벌 생태계가 점차 원래의 모습을 찾아가고 있다.

처음에는 시화호를 개발해서 공장도 짓고 건물도 짓겠다던 사람들이 이제는 어처구니없게도 철새와 살아 숨 쉬는 갯벌로 관광 사업을 하겠다고 난리다. 정책 입안자와 정치인들이 얼마나 이율배반적인지 알 수 있다. 엄청난 돈을 쏟아부어 바닷물을 가로막은 시화호를 그냥 놔둘 수가 없어 조류를 이용한 세계 최대 조력발전소를 건설하겠다는 계획도 나온다. 시화호는 처음 계획했던 방향과는 전혀 다르게 가고 있다. 갯벌도 잃어버리고 본래의 목적도 온전히 달성하지 못한 가슴 아픈 정부 추진사업이 시화호 간척사업이었다.

새만금은 시작도 하기 전에 이미 본래의 목적이 사라졌다. 식량을 늘리기 위해 새만금 간척사업을 했는데, 쌀이 남아돌지 않는가? 농민들에게 쌀농사를 안 지어도 돈을 준다는 휴경 보상제 운운하고 있지 않은가? 농토 조성에 들어가는 비용이 20조 원가량 더 든다 하니 이 얼마나 한심한 노릇인가! 식량 자급률이 30퍼센트도 안 되기 때문에 농토를 확보하겠다며 전라북도 주민들을 현혹시켜 놓고 이제는 방향을 바꾸어 명품도시를 만든다, 카지노를 세운다, 골프장을 건설한다는 얼토당토않은 계획을 막무가내로 쏟아낸다.

드넓은 갯벌을 이미 방조제로 막았다면 농토 개발에라도 힘쓰면 좋으련만, 정치인들에게 당장 돈이 되지 않거나 표가 되지 않으면 국토개발 정책이 죽 끓듯 이리저리 요동을 치니 안타까울 따름이다. 새만금 갯벌을 그대로 두었더라면 생태계 보물로 그 가치가 더욱 높아지고 대한민국 국민들이 새만금 때문에 훨씬 행복했을 것이다.

우리에게 부족한 양식은 수산물이다. 수산물 보물창고를 부숴버리고 남아도는 쌀을 생산하기 위해 새만금을 막는다는 계획이 얼마나 어리석은가?

시화호의 경우는 갯벌을 이해하지 못한 데서 온 시행착오로,

이런 실수를 다시는 하지 말자는 본보기라 치더라도, 새만금 사업은 잘못된 정책이라고 결론 내리며 안주하기에는 너무나 광활하고 소중한 갯벌을 잃었다. 새만금은 시화호보다 무려 여섯 배 반이나 더 큰 갯벌로서 부산시만 한 크기다. 백합조개·낙지 같은 해산물 보물창고인 새만금은 이제 사라졌다.

오염된 새만금을 원래 생태계로 되돌리려면 10년, 20년으로는 부족하다. 100년이나 200년이 걸릴지도 모른다. 일본도 간척사업을 포기하고 갯벌을 복구하느라 30년을 보냈는데 아직도 원상복구를 못했다고 한다.

셋째, 새만금에 투자된 돈이 처음엔 3조였지만 앞으로 28조 더 투자될 전망이다. 갯벌은 땅이 질척거리고 물이 많이 고여 있어 바닥이 튼튼하지 않기에 상상할 수 없이 많은 흙과 돌을 갯벌 위에 갖다 부어야 한다. 갯벌에 도시를 세울 계획이라면 기초를 튼튼히 하기 위해 단단한 지반까지 말뚝을 박아야 한다. 어찌 됐든 새만금에는 굳이 쏟아붓지 않아도 되는 세금을 쏟아부을 수밖에 없다. 30조가 넘는 돈을 다른 방법으로 쓴다면 전라북도 사람들은 우리나라 어느 지역보다 부유한 삶을 누릴 수 있다. 새만금 사업을 억지로 밀고 나간다면 오염물질 처리하고 말뚝 박는 데 28조가 거의 다 들어갈지도 모르겠다. 이제 골치 아픈 일만 남은 곳이 새만금이다.

우리나라도 먹고살 만큼 경제성장을 했다. 우리나라에서 가장 큰 강 하구 갯벌인 새만금을 국립공원으로 지정하여 상품화

한다면 경제적 이익은 충분하다. 코스타리카의 경우 국토의 40 퍼센트나 되는 원시림을 잘 보존한 자연환경을 관광지로 상품화하는 데 성공했다.

자연은 거짓말을 하지 않는다. 몇천만 년에 걸쳐 새만금이라는 갯벌이 형성된 이유는 그 지역에 갯벌이 꼭 필요했기 때문이다.

네 분 성직자의 숭고한 희생이 헛되지 않기를 바란다. 이들은 자연을 착취의 대상으로 보고 자연에게 온갖 폭력을 일삼는 인간들을 대신해서 참회의 길을 걸었다.

인간과 자연 생태계에 너무나 소중한 새만금을 더 이상 괴롭히지 말고 평화로웠던 원래 상태로 되돌리자.

실패

무모한 도전의 끝은 늘 그렇듯이 후회와 쓴맛을 남긴다. 환경
운동을 하면서 마음만 앞섰지 연구·조사·평가·실행 단계를
거치지 않고 돈키호테처럼 밀어붙였다.

1995년, 가장 손쉬운 운동부터 시작하자는 생각에 빈 병 모
으기 운동을 펼쳤다. 그때 수원교구에는 88개 성당이 있었는
데, 그 가운데 55개 성당이 빈 병 모으기 운동에 동참했다. 수
원교구 교우들과 신부님들의 적극적인 참여로 신바람 나는 환
경운동을 시작했다.

각 성당에서는 자원도 재활용하고, 발생하는 이익금은 어려
운 사람들 도와주겠다며 열심히 빈 병을 모았다. 수없이 모이는
병을 모을 자리가 없어 본당신부로 있던 평택 비전동 성당 마당
을 빈 병 모으는 장소로 정하고, 2.5톤 트럭 한 대와 2톤 트럭
한 대, 1톤 트럭 한 대를 사가지고 직원 넷이서 수원교구 55개
성당을 다니다 보니 체력에 점점 한계가 왔다.

55개 성당에서 모이는 빈 병 숫자는 엄청나게 많았다. 그때

수원교구 교우가 30만 명 정도였으니까, 한 주일에 모으는 빈 병은 10만 개가 훌쩍 넘었다. 비전동 성당 마당에는 술병에서 풍기는 술 냄새가 진동했다. 지저분하기 이를 데 없는 성당 마당을 보면서 교우들에게 미안하기도 했지만, 교우들은 그저 신부가 하는 일이니까 옳은 일이겠지, 의미 있는 일이겠지 하고 잘도 참아주었다.

빈 병을 모은다고 하니, 교우들은 국적 불명의 병들까지 포함해서 병같이 생긴 건 다 들고 왔다. 위스키병·박카스병, 심지어는 농약병까지 섞여 들어오곤 했다. 잡병은 어디에서도 사주지 않으니 성당 앞 공터에 쌓여갔다. 빈 병 재활용운동 장소가 점차 쓰레기 처리장 시설로 변했다.

환경보존운동이라는 구호를 걸고 수원교구 교우들에게 대대적으로 홍보는 해놓았는데, 잡병들을 감당할 수 없어 그만하자고 하면 나를 비난하는 소리를 피할 길이 없을 것 같았다. 여러 재활용업체에 연락해 보았으나 잡병을 가져가려는 업체는 없었다.

내가 얼마나 무모한 짓을 했는지 깨달은 것은 빈 병 모으기를 시작한 지 1년이 지나서였다. 교우들은 자원을 재활용해야 한다며 맥주병·소주병·음료수병들을 한 달에 40만 개 이상씩 모아주었는데, 각 회사에서는 병을 처리할 박스조차 제공해 주지 않았다. 병의 종류가 그렇게 많다는 것도 그때 처음 알았다. 병 종류가 50가지도 넘었으니 병을 넣는 박스 종류도 50가지가 넘는다는 말이다. 맥주 회사, 소주 회사, 음료수 회사, 주스 회사에 전화를 하거나 공문을 보내 우리가 빈 병 재활용을 위해 많은 병을 모아놓았으니 박스를 제공해 달라고 부탁하면 까마귀 고기를 먹었는지 감감무소식이었다.

스위스는 맥주병 하나를 만들면 80번 이상 다시 사용한다. 독일이나 스위스에서 병맥주를 사서 마신 뒤 병 주둥이를 확인해 보면 여기저기 상처 난 모습을 쉽게 볼 수 있다. 우리나라가 맥주병을 14번밖에 쓰지 못하는 걸 보면서 '이대로 가다가는 우리 망하겠구나!' 하며 걱정했는데 2년 후 국제통화기금(IMF)에 의한 구제금융 시대가 닥쳤다.

우리 부모님 세대가 피땀 흘려 일궈놓은 공장을 헐값에 판다고 모두들 마음 아파했지만 헐값에 팔 수밖에 없을 만큼 대한민국은 과소비와 낭비로 국가 파산을 향해 달려가고 있었다. 국민들도 아끼는 습관보다는 지나친 소비가 몸에 배었고, 기업들도 자원을 다시 활용하겠다는 의지보다는 편안하게 원료를 수입해서 새 병을 만들어 사용하겠다는 안일함으로 가득했다. 하찮아 보이는 빈 병 하나를 위해 외화와 국고를 낭비했다.

정부도 자원재활용체계(리사이클링 시스템)를 위한 제도적 장치가 부족했고, 기업 또한 자원재활용체계를 갖추지 않았는데, 언론에서만 '환경! 재활용!' 부르짖는 바람에 나같이 어리석은 사람이 순수한 마음으로 시작했다가 실패를 겪었다. 어디 빈 병 뿐인가? 우유곽 모으기, 폐식용유를 이용한 비누 만들기 같은 운동들이 일회성 행사로 실시되다가 사라졌다.

본당에서도 빈 박스가 없으니 성당 마당에 산더미처럼 빈 병을 쌓아놓을 수밖에 없었다. 이러지도 저러지도 못하는 진퇴양난이었다. 겨우 환경운동이라고 시작한 사업인 빈 병 모으기 운동을 이렇게 포기해야 하나 고민하지 않을 수 없었다. 그러다가 운동을 접는 결정적 계기가 왔다. 직원들이 뼈가 골절되고 디스크에 이상이 오는 증상을 보인 것이다. 나는 빈 병 모으기 운동을 접기로 마음을 굳혔다. 지금도 그때 함께했던 동료 직원을 생각하면 가슴 한쪽이 아프다.

이대로 빈 병 모으기 사업을 포기하면 믿음을 잃게 돼 다음에 하고 싶은 환경운동은 함께하기 어려울 텐데 하는 걱정이 앞섰지만, 하루하루가 기쁨의 나날이 아니라 고통의 날들이었기에 도저히 더 이상 끌고 나갈 수 없었다.

첫 환경사업인 빈 병 모으기 운동은 1995년 11월 11일 시작해서 1년 만인 1996년 11월 11일 그렇게 끝을 맺었다. 이때 마신 실패의 잔은 썼다.

목욕가방

　나는 목욕가방을 차에 싣고 다니는 남자다. 목욕가방 안에는 샴푸·빗·면도기·칫솔·치약·로션이 들어 있다. 남자가 여자처럼 목욕가방을 들고 다니는 모습이 좀스러워 보일 수도 있지만, 아름다운 환경을 지키고 싶어하는 사람이라면 반드시 갖추어야 할 기본 용품 가운데 하나다.

　한국 사람들의 경우 낭비가 가장 심한 장소 중 하나가 목욕탕이다. 목욕탕 안에는 빈 바구니가 여기저기 놓여 있다. 바구니 하나에는 수건이나 때밀이 타월을 집어넣고, 또 다른 바구니에는 쓰고 난 일회용 샴푸, 칫솔이나 면도기를 집어넣는다. 여탕은 안 가 봤지만 여탕이나 남탕이나 마찬가지일 것이다.

　수건의 양도 엄청나지만 일회용 면도기와 칫솔의 숫자도 엄청나다. 2008년 기준으로 일회용으로 사용하고 버리는 면도기가 연간 2억 6천만 개, 칫솔이 1억 5천만 개, 일회용 샴푸는 무려 13억 개나 된다. 샴푸는 한 번 사용하기에는 양이 너무 많아 필요 이상 샴푸 액을 쓰거나 미처 다 쓰지 못한 채 버려져 수질 오염으로 이어진다.

일회용 천국인 우리나라에서는 2008년 기준으로 종이컵은 28억 개, 나무젓가락은 66억 개, 우유팩 54억 개, 아기들 건강에 정말로 나쁜 영향을 끼치는 종이기저귀가 6억 개, 청소년들 생식기관에 나쁜 영향을 끼칠 수 있다는 컵라면이 6억 2천만 개, 스티로폼 그릇 4억 2천만 개를 일 년 동안 한 번만 쓰고 버렸다. 한국 사람들은 날마다 4톤 트럭 4천 대 분량이나 되는 일회용 쓰레기를 버린다. 돈으로 환산하면 1년에 1조 원어치가 일회용품 사용으로 사라진다. 대한민국은 프랑스 · 일본과 더불어 일회용품 천국이다.

목욕탕에서 한 번 쓰고 버리는 일회용 면도기는 300원이다. 한 번 사용하고 버리는 면도기 비용이 자그마치 1년에 780억이나 된다. 사실 나같이 수염 많은 사람도 일회용 면도기로 열 번 이상을 깎을 수 있는데 대부분 남자들은 한 번 쓰고 바구니에 버린다. 일회용 면도기 만드는 회사 처지에서 보면 우리나라 사람들 낭비벽 덕분에 먹고살겠지만, 2억 6천만 개 일회용 면도기가 바구니에 들어가는 순간 그것은 면도기가 아닌 고농도 플라스틱 쓰레기로 변한다. 일회용 칫솔도 한 번 쓰고 버리는 순간 플라스틱 쓰레기가 된다. 젖은 플라스틱 쓰레기는 소각장으로 가서 탈 때 다이옥신으로 변신해서 인간을 공격한다.

일회용 자판기에서 면도기와 칫솔을 사들고 와서 한 번 쓰고 바구니에 버리는 남자들을 보면서 나는 속으로 이렇게 말한다. '미쳤어! 미쳤어!'

게다가 물 낭비는 얼마나 심한지 모른다. 면도하면서도 물을 틀어놓아 그 물이 세숫대야에 흘러넘쳐서 목욕탕 하수구로 줄 줄 새 나간다. 그것도 뜨거운 물을 그렇게 쏟아버린다. 속 터진다.

한국인이면서 뜨거운 물을 하수구로 그냥 흘려버리는 사람은 공공의 적이다. 물을 따뜻하게 데우기 위해서는 석유나 석탄을 태워야 한다. 석유 한 방울 나지 않는 이 땅에서 뜨거운 물을 하수구에 펑펑 버리는 일은 석유를 하수구에 흘려보내는 꼴이다. 지금 이 순간에도 수많은 목욕탕에서 이런 어리석은 일이 벌어진다.

우리가 처한 상황을 조금이라도 이해하는 사람이라면 일회용 면도기, 일회용 칫솔, 일회용 샴푸를 그렇게 함부로 쓰거나 버리지 말아야 한다.

배우 김혜자 씨는 「꽃으로도 때리지 마라」라는 책에서 백 원만 있어도 아프리카에서 굶어 죽어가는 아이 밥 한 끼를 먹일 수 있다고 역설한다. 자본주의 국가에서 '소비가 미덕'이라고 하지만, 우리가 일회용품 사느라 지출하는 돈을 모아 아프리카의 굶주리는 아이들을 도울 수 있다면 세상은 얼마나 아름다워질까!

목욕가방은 작은 실천이지만, 자연과 나라를 사랑하는 지름길이다.

황토집

　토담집을 짓고 생활한 지 3년이 지났다. 아침에 자고 일어나면 숲 속에서 하룻밤을 잔 개운한 느낌이다. 가끔 동창 신부들 집에 가서 잠을 자면 선잠을 자다 중간중간 깬다. 아파트 10층 콘크리트 집에서 잠을 자면 공중에 둥둥 떠서 자는 느낌이다.

　병원에서도 포기한 위암 환자가 토굴 속에 들어가 생활한 지 6개월 만에 암이 깨끗하게 나았다는 이야기, 아토피 환자가 황토집에서 지낸 지 3개월 만에 아토피가 사라졌다는 이야기처럼 황토가 몸에 좋다는 믿기 힘든 이야기는 많이 들었지만, 내 손으로 지은 황토집에서 살아보니 역시 그 말이 맞다.

　생태마을 황토집에는 벽지를 바르지 않았다. 거친 흙으로 60센티미터 두께로 흙벽을 만들고, 마무리는 고운 앙금으로 몇 차례 덧칠하면 그 자체로 훌륭한 마감재가 된다.

　한번은 동료, 후배 신부들이 내 집으로 휴가를 왔다. 젊은 신부들이라 술 한잔 하면서 담배를 어찌나 피워대던지 그 순간 숨 쉬기가 괴로워 죽을 지경이었다. 그런데 신부들은 담배 냄새가 안 난다며 좋아한다. 예전에 콘크리트 사제관에서 담배를 피우면 다음 날 아침까지 퀴퀴하고 기분 나쁜 담배 냄새가 온 집안 가득 배어 있었는데, 황토집에서는 아무리 담배를 피워도 10분만 지나면 신기하게도 담배 냄새가 하나도 없다. 담배를 피워 보면 황토벽 자체가 숨을 쉰다는 말을 온몸으로 느낄 수 있다.

나무와 흙으로만 지은 25평 토담집.

이렇게 좋은 우리 건축 기술을 그동안 왜 버리고 살아왔던 가! 콘크리트로 지은 집이나 아파트가 수명이 다 되어 헐게 되면 거대한 쓰레기가 되는 반면, 황토집은 세월이 지나 헐어버리고 싶을 때 그냥 헐어서 밭이나 길에 뿌리면 그만이다. 건축에서 '친환경 건물! 친환경 건물!' 하는데 황토집이야말로 진짜 친환경 건물이다.

황토집이 자랑할 가장 좋은 점은 황토 안에 들어앉아 있을 때다. 콘크리트 집에 앉아서 깊은 명상에 들어가려면 오랜 시간이 걸리는데, 황토집에서는 큰 준비 없이도 자연스럽게 명상에 들어갈 수 있다.

여건이 허락한다면 황토집을 지으라고 도시 사는 사람들에게 권하고 싶다. 황토집을 짓는 일은 그리 어렵지 않다. 흙의 성질만 이해한다면 부부가 쉬엄쉬엄 지어도 석 달이면 충분히 짓는다. 황토집 짓기를 원하는 분들이 평창 생태마을에 오셔서 배워 가는데 가장 반가운 손님들이다.

만일 황토벽 두께를 60센티미터 정도로 쌓아올릴 수 있다면, 여름에는 시원한 골짜기에서 돗자리 펴고 자는 기분으로, 겨울에는 안락한 토굴에서 찜질하는 기분으로 사는 행복을 맛볼 수 있다. 긴 겨울밤 마음 맞는 사람과 밤늦도록 두런두런 이야기를 나누며 참나무 숯에 삼겹살 몇 점 올리고 술잔을 기울이면 제아무리 좋은 무릉도원이라 해도 부럽지 않다.

일에 눌리고, 돈에 속고, 차에 치이고, 사람에게 당해 지칠 대로 지친 도시인들이라면 누구나 한 번쯤 이런 생각을 해보았을 것이다. '다 때려치우고 시골로 내려가 흙집 짓고 농사나 지으며 살고 싶다!'

나 또한 10년 동안 도시에서 본당신부를 하다가 시골 농사꾼 신부로 흙집에 살아보니, '아! 이런 삶이 행복이구나!' 하면서 무릎을 탁 칠 때가 많다.

2007년 서울·경기 지역 아파트 값이 하늘 높은 줄 모르고 치솟았다. 갑자기 내 집 값이 1억이 오르고 2억이 오르면 밥 안 먹어도 행복할지 모르겠지만, 천 길 낭떠러지에서 외줄 타는 꼴이다. 그렇게 오르는 아파트를 은행 빚 내서 사들였다가는 나중에 은행 빚만 남을 것이다. 90년대 일본이 집값 파동으로 나라 경제가 곤두박질쳤다. 요즘 세계 경제를 뒤흔들고 있는 미국의 서브프라임 사건도 집값 올라 망한 좋은 본보기다.

아파트 값이 하늘 높은 줄 모르고 뛰어서 하루아침에 재산이 늘어난 사람들은 집값 떨어지기 전에 아파트 팔고 시골에 땅을 사라고 권하고 싶다. 절대로 땅 투기하라는 충고가 아니다.

이제 농촌 인구가 초고령화해 농사지을 사람이 없다. 땅이 놀고 있다. 시골 땅 1만 평만 사두면 직장에서 명예퇴직당해도 걱정할 일 없다. 아들딸 공부 못해도 스트레스 받을 필요 없다. 취직 못하고 빈둥거리는 자식들 데리고 농사지으면 적어도 밥 세 끼는 충분히 먹고살 수 있다.

조금만 마음의 여유를 가진다면, 경쟁에 대한 스트레스 없이 이 좋은 세상 아웅다웅하지 않고 느긋하게 전원생활을 즐길 수 있다. 물론 전원생활을 원하는 분들이 조심해야 할 사실이 있다. 옹골차게 준비하지 않으면 시골에 내려와서 우울증에 걸리기 쉽고, 동네 사람들과 어울리지 못하면 외로움 속에 살 수 있다.

평창은 해 떨어지면 자기 다리도 안 보일 만큼 캄캄한 적막강산이다. 외로움과 고독을 즐길 줄 알아야 전원생활에서 성공할 수 있다. 또 개인 취미생활도 할 줄 알아야 한다. 유럽에서는 풍요롭고 행복한 전원생활하기 운동Amenity을 전개한다. 사실 우리나라도 서울과 경기도에 너무 많은 사람이 모여 살기 때문에 아무리 유능한 정치인이라도 어떻게 해볼 수 없는 병폐가 발생한다.

서울·경기 지역 주민 가운데 2백만 명만 현재 사는 아파트를 팔고 시골로 내려가 전원생활을 한다면, 환경도 지키고 아파트 값도 잡고 본인도 행복할 수 있을 것이다.

황토집을 세 채 지어보니, 내가 살 집은 내가 지어야 한다는 생각이 든다. 자연을 사랑하고, 건강하게 살고 싶고, 특히 행복하게 살고 싶다면 황토집을 지어보시라!

아토피와 인호

아토피 때문에 고생한 최인호라는 초등학교 1학년 어린이의
어머니가 생태마을에 편지를 보내왔다.

신부님, 저희 드디어 집으로 귀환했어요. 올 때 신부님께 인
사드리러 갔었는데 못 뵙고 오게 되었네요. 다음 달에 다시 인
사드리러 갈게요.

처음 아토피를 치료하겠다고 성 필립보 생태마을을 찾았을 때
신부님이 인호의 옷 속을 못 보셔서 그렇지 아이의 몸 전체를 보
셨다면 아마 우셨을 거예요. 드러난 목과 얼굴만 보고도 그렇게
놀라고 안쓰러워하셨는데…. 끔찍하다는 표현이 어울릴 만큼 인
호의 상태는 심각했거든요.

무섭게 번지는 아토피를 어떤 방법으로도 잡아줄 수 없었기에
좋은 환경에 가면 괜찮아질 수도 있겠다는 생각에 무작정 생태
마을을 찾아갔지만, 크게 기대하지는 않았어요. 할 수 있는 건
다 해보겠다는 절실함뿐이었다고나 할까요….

그런데 생태마을에 머문 지 일주일이 지나면서 뭔가 바뀌는 아

이를 눈으로 확인하고는 정말 많이 놀라고 기뻤어요. 그 뜨겁던 몸이 서서히 식어가면서 한 사발씩 쏟아지던 각질이 줄더니, 손가락만 겨우 남기고 손등까지 뻗어 있던 아토피의 뿌리가 조금씩 손목 쪽으로 올라가고 있었거든요. 또 한 주가 지날 때쯤은 옆구리에 줄줄 흐르던 진물이 말라가고, 다시 한 주가 지날 때쯤은 의사조차 한숨 쉬며 바라보던 목 언저리의 심한, '태선화苔癬化 자국'이 조금씩 부드러워졌습니다.

그 과정에서 제가 한 일은 생태마을 뒷산에 올라가 아이들과 놀고, 오후엔 강변에 내려가 또 애들하고 논 것, 그리고 주시는 음식 제때에 먹인 것뿐이었어요. 이미 먹이고 있던 한약을 병행하긴 했지만, 연고 하나 바르지 않고 처음부터 끝까지 음식과 깨끗한 환경만으로 조절하고 있었던 거죠.

일주일마다 한 번씩 보던 제 남편이 기적 같다는 표현을 쓸 정도로 눈에 띄게 나아졌는데, 생태마을의 눈부신 햇빛과 우거진 나무들, 깨끗한 공기가 그렇게 만들어 주고 있었습니다. 정말 좋은 환경만으로도 나을까 하던 저의 의심이 부끄럽게 여겨질 정도였습니다.

한 달이 지나자 다리 쪽 붉은 열기가, 접히는 부위 말고는 거의 식어 있었고, 찢어져서 몇 달이고 벌어져 있던 목과 등, 팔의 상처들이 어느 날부터인가 보이지 않았습니다. 건강을 회복한 인호는 살도 붙고 성격도 밝아져서 음악에 맞춰 신나게 춤도 추고, 피정 오시는 분들 틈에 자연스럽게 끼어 다양한 체험도 즐기고, 힘들지만 래프팅도 덩달아 같이 하곤 했죠. 그전엔 상상조차 하지 못하던 일들을 생태마을에 온 지 고작 한 달 만에 과감히 하게 된 것이랍니다.

그렇게 두 달이 흘러 오늘이 되었는데, 인호가 처음 절망스런 상태로 그곳에 갔을 때와는 너무나 다른, 예전처럼 건강하고 밝고 예쁜 피부를 선물받고 집으로 돌아오게 됐어요. 물론 지금도 아토피가 남아 있긴 하지만, 인호를 알고 같이 눈물 흘려주시던 많은 분이 오늘의 인호를 보시고 다 나았다며 기뻐하십니다. 죽어버려서 장작껍질 같던 피부가 살아나 제 빛을 찾았으니까요. 생태마을의 자연환경이 아니었다면 도저히 있을 수 없는 일이라고 생각합니다.

생각해 보면 간단한 원리인 것 같아요. 하느님이 우리에게 주신 아름다운 자연을 파괴하고 거스르면서 생긴 병이니까, 당연히 잘 보존된 자연에서는 치료될 수밖에 없는 것이겠죠. 제가 이번에 깊이 깨달은 건 '자연스러움'이란 바로 '하느님 주신 대로'라는 거예요.

그리고 또 하나, 자연환경만큼이나 생태마을 가족 분들이 저희 아이들에게 주셨던 정서적 환경은 제가 백 번을 절해도 갚지 못할 만큼 큰 치료가 되었답니다. 모든 분이 식구처럼 걱정해 주고 사랑해 주시는 가운데 저나 아이들 모두 안정되어 갔으니까요.

물론 이게 끝이 아니라는 걸 잘 알고 있어요. 어쩌면 지금부터 시작이겠죠. 하느님이 인호와 우진이의 작은 몸뚱이를 통해 알려주신 자연의 소중함을 어떻게 하면 저희 생활에서 지켜나

갈 것인가 고민합니다. 그리고 하느님께 감사할 뿐입니다. 여느 아이들과 달리 유난히 심각한 아토피를 통해 앞으로 건강히 살아갈 방법이 무엇인지 너무나 빨리 일러주신 하느님…. 그리고 그 고통을 통해 저희 가족이 얼마나 사랑받는 존재인지 깨닫게 해주시고, 어떻게 사랑을 나눠야 할지 깨치게 해주신 하느님께 감사드립니다.

신부님, 바쁘신 중에도 일일이 인호와 우진이 챙겨주시고 걱정해 주셔서 감사하고, 가톨릭의 밝음과 깊이를 말씀해 주시던 강연과 무엇보다도 생태마을이 있게 해주셔서 감사합니다. 이용삼 신부님은 마치 큰삼촌처럼 아이들을 대해 주셔서 인호가 많이 좋아했어요. 저희 가족이 살아가면서 이렇게 재밌고 의미 있는 시간을 보낸 적이 있었을까요? 일일이 감사드리고 싶은데 그저 마음만 알아주세요.

되찾은 건강 말고도 생태마을에서 있었던 소중한 경험들, 주교님과 직접 나눈 대화와 악수, 그 많은 신부님들께 받은 축복, 다정하고 씩씩하신 수녀님들의 관심과 배려, 누구보다 밝고 정 많던 장애우들과의 즐거운 캠프, 노인 캠프의 시끌벅적한 뒤풀이, 매일 먹는 떡인데도 먹을 때마다 맛있던 인절미, 래프팅의 추억, 말라뮤트종 견우와 마루의 재롱을 인호와 우진이는 평생 기억하겠죠. 아마 아이들이 살아갈 미래를 위해 가장 큰 정서적 밑거름이 되어준 시간이 아니었나 싶습니다.

말이 길었죠? 하고 싶은 말이 너무나 많은데 이것도 줄인 거예요. 떼쟁이(그럼에도 어찌나 예뻐해 주시던지 우진이의 천국이었죠) 우진이가 수탉 울듯 아침부터 울어 젖히던 소리가 내일부턴 안 들리겠네요.

우리 생태마을은 해발 320미터에 위치해 있다. 해발 270미터인 남산 꼭대기보다 더 높다. 강이 내려다보이고 소나무 숲에 둘러싸여 있다. 아토피 증세가 있는 친구들에게는 천국이다. 인호뿐 아니라 아토피가 있는 아이들이 와서 대부분 기적같이 나아서 돌아간다. 숲에서 나오는 피톤치드는 나무가 병균이나 해충, 곰팡이와 싸우기 위해 뿜어내는 물질인데, 암 환자나 정신질환을 앓고 있는 사람, 특히 피부병을 앓고 있는 사람들에게 효과가 좋다. 살아 있는 숲은 명의名醫다.

키가 약간 크고 예쁘장하게 생긴 아이가 인호. 왼편으로 떼쟁이 우진이 그리고 엄마 아빠.

마사이 소녀

　아프리카! 듣기만 해도 가슴 설레는 대륙이다. 유럽을 여행한 뒤 부끄러운 기행문 「농사꾼 신부 유럽에 가다」를 쓰고, 책 마지막에 '다음은 아프리카다!' 하고 여행지를 미리 정해 놓았다. 전쟁과 굶주림으로 수많은 사람이 죽어가는 고통의 땅이기도 하지만 아직도 창조의 모습을 그대로 지닌 땅이 아프리카다. 2007년 봄 동창 신부들과 드디어 아프리카로 떠났다.

　지구온난화로 지구 곳곳이 멍들어 가고 있지만, 광활한 탄자니아 세렝게티 초원은 자연의 아름다움을 그대로 간직하고 있었다. 3월 말에 찾은 세렝게티 초원은 마침 대우기大雨期였다. 몇백만 마리 누 떼가 먹이를 찾아 이동하는 장관을 연출하고 있었다. 한눈에 다 담을 수 없을 만큼 드넓은 평원을 새까맣게 뒤덮은 누 떼들과 얼룩말·가젤들은 싱싱한 풀이 있는 생명의 땅을 찾아가고 있었다. 운 좋게 풀숲 사이로 두 눈만 반짝이는 음흉한 자세의 사자와 하이에나들도 만났다. 텔레비전에서 볼 때는 세렝게티 초원의 사자들이 불쌍한 누 떼와 가젤들을 다 잡아먹는 줄 알았는데, 막상 대평원에 와보니 누 떼와 가젤이 사자를 만나는 일은 지극히 드문 일이다. 자연은 그렇게 조화를 이루고 있었다.

광활한 세렝게티 초원을 여행하려면 롯지(초원을 여행하는 여행객들을 위한 집)를 이용해야 한다. 롯지에서 새벽 다섯 시에 일어나 출발해야 저녁 무렵에 다음 롯지에 도착해서 잠을 잘 수 있다. 초원 중간에는 음식점이 없다. 몇백만 마리나 되는 누 떼와 함께 초원을 가로지르는 일은 우리를 흥분의 도가니로 몰아넣는다. 누 떼 · 얼룩말 · 가젤 · 쿠다, 그리고 드문드문 보이는 사자와 하이에나를 구경하느라 정신 팔다 보면 어느새 점심시간이 된다. 사파리를 즐기다가 초원이 내려다보이는 근사한 풀밭을 만나면, 롯지에서 싸준 빵 · 닭다리 · 주스 · 달걀 · 사과가 든 도시락으로 점심을 때워야 한다.

서울부터 대전까지의 넓이만 한 대평원을 가로질러 산등성이에 올라 도시락을 풀어놓고 점심을 먹는다. 탄자니아 사람 표현 그대로 '아! 얼마나 코카스틱Cocastic한 일인가!'

코로 들어가는지 입으로 들어가는지 정신없이 밥을 먹는데, 길 건너편에 마사이족 목동 아이들이 우리를 신기하게 바라본다. 입이 짧은 나는 도시락을 반만 먹고 나머지 음식을 들고 마사이족 목동들에게 다가갔다. 가까이 가 보니 놀랍게도 여자아이들이다.

나중에 안 사실이지만 마사이족은 집도 여자가 직접 짓고, 소나 양 치는 일도 여자가 한단다. 남자들은 오로지 사냥만 한다. 말이 통하지 않으니 나이를 물어볼 수는 없었지만, 가장 큰 여

아프리카에서 만난 목동 마사이 소녀.

자아이가 천으로 가슴을 가렸는데 가슴이 봉긋하니 열여섯 정
도는 되어 보였다.

이미 파푸아뉴기니에서 흑인 여자아이들과 보름 정도 함께
지낸 경험이 있는 나는 흑인 아이들이 얼마나 예쁘고 매력적인
지 잘 안다. 흑인 여자아이들은 보면 볼수록 예쁘다.

마사이 여자아이도 코가 오뚝하고 하얀 눈망울이 한없이 맑
은 아이였다. 내가 '한국에 대표적으로 아름다운 아가씨가 있는
데 이름은 춘향이다. 나이도 네 나이였는데 내가 보니까 너도
춘향이처럼 참 예쁘다.' 하고 말해 주었다. 내 말을 알아듣지는
못했겠지만 다정한 눈길을 느꼈는지 하얀 이를 드러내고 웃는
다. 내 도시락뿐 아니라 동창 신부들이 먹던 음식까지 빼앗아

도시락 두 개를 만들어 세 소녀 목동들에게 주었다. 도시락을
다 먹더니, 내가 예쁘다고 말한 마사이 소녀가 자신이 갖고 있
던 팔찌를 빼더니 쭈뼛거리며 선물로 준다.

이용삼 신부가 '마사이 소녀 목동이 황 신부가 신랑감으로 마
음에 드나 보다.' 하며 놀린다. 마사이족에게 팔찌는 마음의 정
표라며, 팔찌를 받았으니 소 70마리를 준비해야 된다고 배용우
신부가 맞장구치며 농을 한다. 마사이족은 결혼하려면 처갓집
에 소 70마리를 주어야 한단다.

마사이 소녀들과 사진을 찍고 손을 흔들어 작별한 뒤 나망가
호수를 향해 길을 떠났다.

지구는 진귀한 보석이 가득한 보물섬이라는 사실을 아프리카
여행을 하면서 다시 한 번 깊이 깨달았다. 지금 지구는 깊이 병
들어 있다. 병든 지구를 치유하지 않으면 앞으로 10년이나 20
년도 채 되지 않아서 인류는 대재앙을 겪을 것이다.

그 재앙이 아름다운 대초원, 아무 잘못도 없는 세렝게티 초원
은 비켜가기를 간절히 바란다.

성 필립보 생태마을

　강원도 평창 도돈리에 자리한 성 필립보 생태마을은 연간 3만 명이 찾는 휴식처다. 많은 성당 노인대학, 레지오 단원, 구역장 반장님들, 부부 모임, 칠순을 맞이하는 가족들, 휴가철을 맞은 가족들도 찾는다. 또 성당 다니는 초·중·고등학생들은 여름과 겨울 방학 때 환경 교육을 받으러 온다. 일반학교 학생들도 졸업여행이나 야외학습을 위해 찾아온다. 환경을 살리고자 생태마을을 후원해 주는 만여 명에 이르는 되살림 회원들은 특별히 많이 찾아오는 단골 방문객이다.

　생태마을 건물은 산 정상에 우뚝 솟아 평창강이 내려다보이고, 주변에는 높은 산들이 병풍처럼 둥글게 에워싸고 있다. 터를 좀 볼 줄 아는 사람들은 여주 신륵사와 흑석동의 국립묘지처럼 들어오는 물이 보이고 나가는 물이 안 보이는 명당 중 최고 명당이라며 입에 침이 마르도록 생태마을 위치를 칭찬한다. 우리 생태마을이 우주의 기운이 집중하는 장소란다. 생태마을을 찾는 분들은 '아름다운 장소에 집을 지어놓으셨다!'며 찬사를 연발한다. 영화 촬영장소로도 뽑힐 만큼 배경이 참 예쁘다.

10년 전 생태마을을 시작할 때가 생각난다. 돈 한 푼 없고, 땅 한 평도 없이 그저 도시 사람들과 시골 사람들을 이어주는 연결고리를 만들고 싶은 마음 하나로 시작했는데 이제는 한 번에 300명이 넘는 사람이 숙박하고 쉴 수 있는 공간으로 발전했다.

암 환자, 아토피 환자는 물론이고 부부싸움해서 보따리 싸들고 오는 자매님들, 전원생활 해보겠다고 찾아오시는 분들도 많다. 마음의 상처를 입고 와서 위로받고 가는 이들을 보면 뿌듯하다. 특히 아토피로 고생하는 친구들이 기적같이 치유돼 가는 모습을 볼 때 보람을 느낀다. 학교에서 따돌림당한 아픔을 안고 찾아와 자연을 통해 위로받고 돌아가는 학생도 많다.

도로와 고층빌딩에 둘러싸여 사는 현대인들은 자연이 주는 기쁨을 체험하지 못한다. 생태마을 절벽에 정자를 만들었다. 밤에 정자 위에 누워 별똥별을 바라보는 방문자들은 꿈같은 세계로 빨려 들어간다. 평창강에 쏟아지는 별을 보고 탄성을 지르지 않을 사람이 과연 몇이나 될까? 온몸을 평창강물에 담그며 자연과 하나 되는 래프팅 또한 얼마나 행복한 일인지 체험해 보지 않은 사람은 모른다.

가족이 함께 여행 와서 두부 만들기, 찰떡 만들기, 감자 구워 먹기, 고구마 구워 먹기, 청국장 만들기, 옥수수 따기, 감자 캐기, 장작 패기, 콩 털기를 하면서 비로소 가족의 본모습을 되찾곤 한다.

장작을 팰 때 아버지는 아련한 옛 추억을 떠올리며 어린 아들 딸 앞에서 힘자랑을 한다. 아들딸은 아버지가 통나무를 반쪽으로 두 동강 내면 기뻐 소리치며 아낌없이 박수를 보낸다.

　우리나라 부모들은 자녀를 위해 모든 것을 바치며 살아간다
고 생각하지만, 화목한 가족의 모습은 찾아보기 힘들다. 아버지
는 돈만 벌고, 엄마는 살림만 하고 자녀들은 새벽부터 한밤중까
지 학교와 학원을 오가며 공부만 한다. 정작 식구들끼리 사랑을
나눌 시간이 없다. 가족이란 함께한 추억이 있어야 하는데 우리
나라 가정은 추억이 없다.

　프랑스 가족은 오후 네 시만 되면 온 가족이 모여서 저녁 준
비를 한다. 부모는 자녀 공부도 봐주고 음식도 함께 만들며 온
가족이 함께 식사한다. 우리나라 가정이 한 달에 며칠이나 함께
저녁식사를 할까? 식구食口란 함께 밥을 먹는 공동체를 일컫는
용어인데 우리나라 가정은 식구라고 할 수 없다.

　경제협력개발기구 국가 가운데 한국 자녀들은 늙은 부모를
찾아가지 않는 것으로 1등이다. 다른 나라 자녀들은 돈이 있든
없든 부모를 꾸준히 찾아가는데, 한국은 부모가 돈이 없으면 자
식들이 더 이상 찾아가지 않는 경우가 점점 늘고 있다. 자녀를
사랑으로 키우지 않고 1등 제일주의로 키웠으니 능력 없는 부
모는 자식에게 더 이상 쓸모가 없다. 자식 탓할 것 없다. 부모
들이 그렇게 키웠기 때문이다.

　휴가를 가도 건강한 프로그램이 없다. 어른들은 서로 어울려
서 술 먹고 고스톱 친다. 기껏 함께 가는 장소가 노래방이다.
가족이 함께 여행을 가도 아이들은 휴대폰 붙잡고 게임이나 하

고 서로 눈을 들여다보려 하지 않는다. 추억을 만들려야 만들 수 있는 환경이 없다. 생태마을에서 가족을 위한 프로그램을 많이 준비하는 이유가 서로 소중한 끈을 만들기를 바라서이다.

언젠가는 한 가족이 천문대에서 별을 보다가 아예 이불을 옥상으로 들고 올라가 한 이불에 누워서 목만 내놓고 밤하늘을 천장 삼아 떨어지는 별똥별을 밤새 보면서 소리 지르고 즐거워하는 모습을 봤다. 얼마나 아름다운 식구인가?

생태마을이 추구하는 중요한 몫 가운데 또 하나는 평창 지역 농산물을 모아서 생태마을을 찾는 분들에게 공급하는 일이다. 2011년 생태마을과 이웃한 응암리와 천동리와 계약을 맺어 그곳 주민들이 생산하는 시래기, 콩나물, 뽕잎, 곰취, 곤드레 나물 같은 농산물을 도시 사람들에게 판매하기로 했다. 도시 사람들은 우리 농산물 사서 좋고, 농민들은 제값 받고 농산물 팔아서 좋다. 우리 같은 생태마을이 우리나라 곳곳에 있어야 환경도 살고, 농민도 살고, 도시 사람도 산다.

도시 사람들은 주말을 이용해 생태마을이나 농촌 체험을 실시하는 공동체에 참여해 볼 필요가 있다. 아들딸들에게 먹을거리가 자라는 과정과, 자연에서 사는 즐거움을 알려줄 의무가 있다. 우리 아이들은 얼마나 불쌍한가? 책상에 앉아서 공부만 해야 하는 아이들에게 자연의 건강함을 선물하는 일도 부모의 역할 가운데 하나가 아닐까 싶다.

우리나라에 생태마을 같은 공동체가 읍 단위로 하나씩만 있어도 지역은 균형 있게 발전할 수 있다. 생태마을은 대한민국이 골치를 앓는 수도권 집중 현상, 농촌 지역 고령화 문제, 청년 실업 문제, 환경오염 같은 문제를 한꺼번에 해결할 비책이다. 이스라엘이 2,000년간 빼앗긴 가나안 땅을 풍요롭게 가꾸었듯 우리도 생태마을을 키워서 1,000년 미래를 준비해야 한다.

이미 일본은 생태공동체가 정착 단계에 들어섰다. 미국에는 종교적 성향이 강한 아미쉬 공동체가 있고, 독일에서는 1900년 전후로 400여 개의 생태공동체가 탄생했다. 우리나라도 충북 홍성의 홍동마을, 춘천의 생기마을, 전남 장성의 한마음공동체같이 곳곳에 뜻있는 사람들이 공동체를 이루어 살고 있다.

환경학자들은 50명 단위의 자급자족 마을이 세계 곳곳에 퍼져 살 때 지금의 환경위기를 극복할 수 있다고 주장한다. 생태마을은 현대의 노아 방주다.

뻐꾸기 딸꾹질

자연은 어김이 없다. 올 봄에도 내 기대에 어긋나지 않게 앞산 옥녀봉에서 뻐꾸기는 '뻐꾹'거린다. 동남아에서 날아온 뻐꾸기는 산들이 푸른 빛깔을 띠면 자기 새끼는 염치없이 다른 새 둥지에 밀어 넣고 뭐가 그리 슬픈지 여름 내내 '뻐꾹'거리다 떠난다. 생태마을 주변에는 세 마리 정도 뻐꾸기들이 찾아온다. 세 마리가 이쪽에서 '뻐꾹', 저쪽에서 '뻐꾹' 소리를 내며 조용하기만 한 생태마을에 봄기운을 불어넣어 준다.

작년에는 '뻐꾹' 소리가 왠지 슬프고 청아하게 들렸는데 올해는 뻐꾸기가 컨디션이 안 좋은지 '뻐' 소리는 잘 내는데 '꾹'에 가서는 깔끔하게 마무리 짓지 못하고 마치 딸꾹질하듯 한다. 딸꾹질 같은 소리를 내면 저도 멋쩍은지 잠시 쉬었다 다시 목청을 가다듬고 '뻐꾹'거린다. 뻐꾸기 울음소리가 생태마을을 감싸 안으면 자연의 평화스러움을 더 짙게 느낀다.

아침에 일어나 옥녀봉을 바라보며 오늘은 저 뻐꾸기 놈이 '뻐꾹' 소리를 잘 내야 할 텐데 또 딸꾹질 소리를 내면 어떻게 하나 하며 내 자식도 아닌데 괜히 안쓰러워지며 걱정을 한다. 환경

파괴 때문에 자연에 사는 친구들이 멸종 위기를 맞다 보니 뻐꾸기 울음소리에도 신경이 쓰인다. 내가 사는 강원도 평창은 청정함이 살아 있어 아름다운 창조 기운을 아직도 잃지 않고 생명체들이 즐겁게 어우러져 산다.

많은 암 환자와 영적으로 아픈 사람들이 생태마을에서 기적적으로 치유되는 모습을 보면 신이 난다. 특히 학교 적응이 어려운 학생들에게도 좋은 기회의 땅이 되고 있다. 밭에는 농약 치지 않은 상추·쑥갓·파·치커리·토마토·오이·호박이 자라고 요즘에는 돼지도 두 마리 키우기 시작했다. 돼지란 놈은 밥통에 아예 들어가 산다.

돼지들이 얼마나 영특한지 모른다. 밥통이 구석에 있으면 돼지 두 마리가 주둥이로 밥통을 돼지우리 한가운데 가져다 놓고 먹는다.

뻐꾸기가 둥지를 틀고 있는 평창 성 필립보 생태마을 앞산 이름은 옥녀봉이다. 낮에는 뻐꾸기가 울어대서 그런지 옥녀봉의 실체를 잘 모르다가 해 그림자가 서쪽으로 넘어가고 내 다리도 안 보이는 깜깜한 밤이 되면 옥녀봉은 살아난다. 능선이 분명하게 드러나는 밤에는 산이 아니라 임신 9개월 된 거대한 여인이 누워 있다. 봉우리 세 개가 연출하는 아름다운 광경이다. 첫째 봉우리는 여염집 규수 얼굴 모양이다. 눈도 있고 코도 있고 입도 있다. 턱 선을 따라 이어진 둘째 봉우리는 터질 듯 봉긋 솟은 가슴이다. 참 보기 좋다. 셋째 봉우리는 이제 한 달만 있으면 튀어나올 것 같은, 말 그대로 '앞산만큼 배부른' 임산부

배 모양이다. 아기가 없는 여인이 이 산을 보고 소원을 빌면 아기가 생긴다 해서 동네 사람들이 이름 지어 부르는 옥녀봉은 밤이 되면 더욱 아름답다.

평창에서는 밤하늘에 펼쳐지는 우주 쇼를 많이 본다. 2008년 6월 9일에는 달과 토성 그리고 화성이 가장 가까이 붙어 있는 날이라 천문대에서 참으로 신비한 광경을 보았다. 천체망원경을 통해 토성 고리를 보니 내가 우주인이 된 느낌이 들었다. 딸꾹질하는 뻐꾹새, 요염하면서도 풍만하게 누워 있는 옥녀봉, 요즘 사람들이 즐겨 이야기하는 S라인의 평창강을 바라보는 내 눈과 귀와 가슴은 뿌듯하고 행복하기만 하다. 이 모습 그대로 아름답게 오래오래 지속되었으면 좋겠다.

미얀마에 불어닥친 사이클론 '나르기스', 중국 쓰촨 성을 뒤흔든 지진, 일본 북동부를 강타한 지진, 세계에서 일어나는 홍수 · 가뭄 · 산불, 날마다 롤러코스터를 타듯 고공 행진하는 원유 값, 식량이 부족해서 흙을 구워 먹는 아이티 국민, 미국산 소고기 공포가 우리를 불안하게 만들어도 이 지구는 아직까지는 살아볼 만하고 아름답고 신비한 별이다. 더욱이 자연의 숨결을 느낄 줄 아는 사람들에게 지구는 엄청나게 큰 보물 덩어리다.

오늘 아침에도 옥녀봉의 뻐꾸기가 힘차게 '뻐꾹'거리다가 딸꾹질 '뻐꾹'을 했다. 나는 얼굴을 알지 못하는 옥녀봉 뻐꾸기를 향해 속으로 중얼거린다. '아침부터 저놈이 나를 웃기네!'

이제는 환경주의 시대

　요즘 미국이 망가지는 모습을 보면 걱정스럽기도 하지만 한편으로는 당연한 결과라는 생각도 든다. 1998년 구제금융 시절 미국 은행들이 엄청난 돈을 들고 한국에 들어와, 정성스럽게 키운 기업들을 싼값에 사들여 되파는 작업을 했다. 한국에 들어온 미국 은행들은 말이 좋아 투자은행(IB)이지 기업사냥꾼이라해도 틀린 말은 아니다.

　2000년에 들어서면서 미국은 신났다. 신자유주의를 강조한 클린턴 정부 덕분에 미국 경제가 호황을 누렸다. 2000년대 초에 미국은 자금이 흘러넘쳤고 투자처를 찾지 못한 돈은 부동산으로 몰렸다. 집값이 갑자기 치솟자 미국사람들은 은행에서 대출까지 해가며 집을 사들였다. 공짜로 쓰라고 주신 땅을 비싼 돈을 주고 거래하면 망한다는 내 주장처럼 땅값이 느닷없이 뛰면 망하기 일보 직전이라는 사실을 미국사람들은 몰랐다.

　2008년 리먼 브라더스 사태가 벌어지면서 미국은 경제공황에 빠졌다. 우리 금융위기 때 한국 정부가 시장 경제에 개입하지 못하도록 강요했던 미국은 정작 자기 나라가 다급해지자 정부가 스스로 나서서 8,000억 달러의 공적 자금을 투입했다. 미국 경제 전문가들은 1조 달러 또는 2조 달러가 더 들어갈지도 모른다고 예측했고 실제로 미국 정부는 금융위기를 극복하기 위해 2조 달러 이상을 투자했다.

요한 바오로 2세 교황님이 살아 계셨을 때 그렇게 반대했던 신자유주의 시대(나라 사이에 금융의 벽을 허물고 돈 많은 나라 은행들이 돈 없는 나라 기업을 마음대로 사고파는 시대)를 열었던 미국이 수많은 나라에 상처만 남기고 결국 미국 자신도 힘겨운 세월을 보내고 있다. 교황님 말씀을 귀담아들었더라면 요즘처럼 치욕스런 꼴은 당하지 않았을 텐데.

우리도 미국한테 배워서 성실하게 일해 돈 벌 생각을 하지 않는다. 돈 좀 있다는 선진국들은 절약하고 아끼고 저축해서 한 단계 한 단계 재산을 불려갈 생각은 하지 않고 투자라는 명목 아래 일확천금을 노린다.

자본주의의 나쁜 점은 은행이 벌이는 행패다. '돈 놓고 돈 먹기'라고들 하지만 참 나쁜 말이다. 물론 미국 금융권을 쥐고 있는 민족은 유다인이지만 가난하고 경제력이 약한 나라를 상대로 한 짓이 바로 '돈 놓고 돈 먹기'였다.

미국에 가 보면 흥청망청 쓰는 게 기본이다. 집도 크고, 차도 크고, 먹는 스테이크도 우리나라 빈대떡만큼 크다. 그래서 사람도 크다. 반대로 북유럽에 가 보면 아끼고 절약하는 행동들이 소꿉장난하는 것처럼 신기하고 재미있다.

프랑스 고속 기차인 테제베 문에는 자전거 그림이 그려져 있다. 머리에 헬멧을 쓴 청년, 가뿐한 차림을 한 할머니들이 자전거와 함께 기차를 탄다. 소꿉장난하는 어린아이처럼 즐거운 표정으로 자전거를 밀고 들어온다. 또 자전거를 끌고 지하철을 타는 모습은 북유럽 여러 나라에서 볼 수 있는 광경이다. 우리는 상상할 수도 없는 장면이다. 네덜란드 암스테르담 시내의 교통수단은 자전거다. 독일은 더 말할 것도 없다.

세계에서 가장 유명한 환경도시 프라이부르크의 신도시는 탄소 제로 도시다. 신도시 건물 전체 지붕에 태양광 전지판을 올려서 신도시의 모든 전기는 태양으로 해결한다. 도시 한가운데 전차가 다녀 이산화탄소를 배출하지 않는다. 엄마들이 몰고 다니는 자전거 뒤에는 유모차가 붙어 있다. 소꿉장난하는 아이와 엄마 같다. 전혀 위험하지 않다. 도로에 차가 다니는 경우는 거의 없이 자전거만 다닐 수 있도록 도시를 설계해 놓았다.

자본주의는 산업혁명을 일으킨 유럽에서 시작했지만 미국에서 활짝 꽃피었다. 유럽은 이제 자본주의에서 복지 위주인 사회주의와 환경주의로 넘어가는 단계다. 현재 유일한 강대국인 미국은 세계 경제 흐름을 자본주의로 끌고 간다. 이 흐름에 일본·중국·러시아·브라질·인도·인도네시아·베트남·한국이 뛰어들어 대량 생산, 대량 소비를 하면서 지구 환경을 파괴한다.

지구가 행복한 별로 발전하기 위해서는 이산화탄소를 배출하는 경제체제보다는 지구 환경을 파괴하지 않고 조화를 이루는 지속 가능한 발전을 해야 한다. 경제 발전을 통해 돈을 많이 벌어 더 많이 소비하는 생활이 행복이 아니라 자연과 조화롭게 어우러져 자연을 망가뜨리지 않고 자연의 일부로 녹아드는 삶이 행복이라는 환경주의로 시대 흐름이 바뀌어야 한다.

환경주의를 주창하는 나라 가운데 독일과 덴마크가 가장 앞장서 나간다. 1973년과 1978-79년에 오일쇼크를 겪으면서 나라 전체 시스템을 신재생에너지로 바꾼 덴마크를 살펴보자.

인구 5백4십만 명에 국민소득 5만 달러인 덴마크는 1970년대 오일쇼크의 태풍을 맞았을 때, 에너지 97퍼센트를 수입하는 우리나라와 비슷하게 에너지 94퍼센트를 수입했다. 1973년에 1차 오일쇼크를 겪은 덴마크 정부와 국민은 자신들이 살 길은 신재생에너지라는 사실을 깨달아 30년 전에 이미 풍력 발전과 바이오매스(소똥이나 음식 쓰레기가 썩으면서 발생하는 메탄) 에너지를 개발하면서 에너지 독립을 선언했다.

현재 풍력 발전으로 국가 에너지의 25퍼센트를 충당하고 있으며, 1970년 이후 경제가 엄청나게 성장했음에도 1970년과 2008년 석유 수입량은 똑같고 나머지는 전부 풍력 발전과 태양에너지, 지력에너지로 충당한다. 연간 생산되는 1,500만 톤 쓰레기 가운데 95퍼센트를 재생해서 쓴다. 덴마크 국민들의 꿈은 국가 전체 에너지 100퍼센트를 신재생에너지(풍력·태양·지력·조력)로 충당하는 것이다. 현재 유럽연합국가 가운데 유일하게 에너지를 수출하는 나라가 덴마크다.

세계 최대 풍력발전회사인 베스타스VESTAS가 덴마크에 있는데 덴마크의 풍력산업은 석유 가격이 폭등하면서 즐거운 비명을 지른다. 덴마크는 세계 풍력설비시장의 41퍼센트를 점유하고, 2003년 기준으로 2만 명의 고용창출 효과를 내고 3조 5천억 원의 경제 효과를 누렸다.

덴마크를 바짝 뒤따르는 나라가 독일과 스웨덴이다. 독일은 풍력시장도 눈부시게 발전했지만 태양광에너지 또한 세계에서 가장 앞장서 있다. 일조량이 우리나라 반에도 미치지 못하는 독일의 태양광에너지 산업은 7조 원에 이르고, 종사자만 10만 명이다. 독일 태양광 발전소는 앞으로도 해마다 20퍼센트 정도의 성장과 30만 명에 이르는 고용창출 효과를 예상한다.

가까운 일본은 이미 환경산업에서 세계 제일의 경쟁력을 갖추고 세계 시장을 주도한다. 우리나라는 어떤가?

독일은 태양광에너지 산업에 국가가 50퍼센트를 보조해 주는 반면, 우리나라는 30퍼센트 보조해 주던 예산도 20퍼센트 아래로 깎았다. 세계가 어떻게 돌아가는지도 모른 채 거꾸로 가는 정책을 편다. 우리나라가 계속해서 미국 자본주의 시스템을 쫓아가다가는 미국처럼 또다시 경제위기를 맞이할 것이다. 에너지 절약과 신재생에너지 개발과 환경을 보존하는 정신운동을 할 때 지구를 살리고 대한민국도 살릴 수 있다.

세계 경제위기 속에서도 흔들리지 않는 정치 경제를 유지하는 국가는 환경과 에너지에 일찌감치 눈을 뜬 나라들뿐이다. 30년 전에 이미 석유 대신 풍력 발전을 생각해 낸 덴마크 사람들이 부럽다. 지구온난화의 영향으로 우리나라는 선진국 가운데 어느 나라보다 뜨겁고 밝은 태양빛을 받고 있다.

'위기는 곧 기회'라는 말이 있듯이 지구온난화가 빠른 속도로 진행되고 있는 시점에서 석유 한 방울 나지 않는 대한민국이 살 길은 태양광 발전을 통한 에너지 위기 극복이다.

 프라이부르크에 있는 성 바오로 기념 성당 벽 전체에 태양광 전지판을 깔아 생긴 수익금으로 남미 파라과이의 어려운 성당에 5억 이상을 도와주었다며 자랑하던 독일 할아버지의 모습이 눈에 아른거린다. 우리도 성당 지붕들에 태양광 전지판을 깔아야 하지 않을까!

어디로 가야 하나?

평생 돌아다닌다고 지구를 다 돌아볼 수 있을까? 지구는커녕 대한민국도 다 돌아다녀 보지 못하고 죽는 사람이 부지기수다. 지구가 너무 크기 때문에 어느 날 갑자기 환경 재앙이 들이닥친다 해도 인간이 피할 안전한 장소가 어디엔가는 있을 것만 같다.

산림 3분의 1이 파괴되었다 하더라도 울창한 열대우림이 아직도 빼곡히 들어찬 아마존 숲 속 한 군데쯤 인간의 피신처가 있지 않을까? 온난화 덕분에 영구동토대가 초지로 변한다는 광활한 시베리아는 어떨까? 세계에서 가장 살기 좋다는 캐나다 밴쿠버는 그래도 괜찮지 않을까? 그러나 실제로 기후 변화와 각종 오염 때문에 생길 환경 재앙을 피할 장소를 찾기란 쉽지 않을 듯하다.

캐나다 북극권 청정지역에 사는 이누이트족 아이들에게 내분비계 교란물질 현상이 갑작스럽게 늘어났다. 면역체계에 이상이 생긴 아이들은 홍역과 소아마비 예방접종을 해도 항체를 만

들어 내지 못한다. 오염물질이라고는 눈 씻고 찾아봐도 없는 북극지역 아이들이 성기능 장애를 겪고 있다. 놀란 당국이 아이들을 검진한 결과 체내 폴리염화비페닐 농도가 위험수위를 넘은 사실을 발견했다. 그렇다면 북극 청정지역에 사는 아이들에게 도시에서나 발견할 수 있는 내분비계 교란물질이 어떻게 축적되었을까?

이유는 간단하다. 먹이사슬 때문이다. 오염물질인 폴리염화비페닐이 바다로 흘러들어 가면 식물성 플랑크톤이나 동물성 플랑크톤이 먹는다. 다음 단계 먹이사슬인 새우 같은 갑각류가 폴리염화비페닐에 오염된 플랑크톤을 먹고, 이 갑각류를 빙어가 잡아먹고, 빙어는 연어와 송어가 잡아먹는다. 먹이사슬을 통해 폴리염화비페닐이 280만 배로 농축된 연어를 곰이나 에스키모들이 잡아먹으면서 환경호르몬 물질의 공격을 받는다.

미국의 동물학자 테오 콜본은 '폴리염화비페닐은 상상할 수 있는 모든 곳에서 발견 가능했다. 곧 뉴욕의 불임병원에서 시험 중인 인간의 정자, 최상급 철갑상어 알, 미시간에서 새로 태어난 아기의 피하지방, 남극의 펭귄, 동경 횟집에서 파는 참치회, 콜카타에서 쏟아지는 몬순 빗물, 프랑스 젖먹이 엄마의 모유, 남태평양을 헤엄치는 향유고래의 지방, 잘 익은 브리 치즈, 여름 주말에 몰타의 농장에서 낚아 올린 잘생긴 줄무늬농어 등에서다. 안전하고 오염되지 않은 곳은 어디에도 없다.'며, 내분비계 교란물질을 세계 여행자라고 표현한다. 지구에 사는 인간이 내분비계 교란물질을 피할 수 있는 삶의 터전은 없다.

지구 산소의 10퍼센트를 뿜어내며 끝없이 펼쳐진 아마존 열대우림의 4분의 1이 소고기 생산을 위한 초지 개발과 농지 확보, 벌목 때문에 1970년부터 2008년까지 사라졌다. 170여 원시부족이 열대우림에서 쫓겨났으며, 지금 이 순간에도 다양한 생태계가 사라지고 있다. 몇만 년 동안 밀림을 지키고 살아온 마노키 인디오도 숲에서 쫓겨났다. 이들은 어디로 가야 하나?

북극과 남극이 녹아내려 해수면이 상승한다. 남태평양 피지 섬 근처 9개의 섬으로 이루어진 투발루는 지구온난화 때문에 느닷없이 피해를 본 나라다. 전 국토에서 가장 높은 지역이 해발 5미터밖에 안 되는 이 나라는 사빌리빌리 섬을 포함하여 두 개의 섬이 벌써 사라졌고, 해마다 2월 보름과 그믐에 바닷물이 가장 높이 들어오는 한사리 때가 되면 밀려 들어오는 바닷물 때문에 토양이 소금물에 침식당해 주식인 감자 농사를 지을 수 없게 되었다.

결국 인구 1만 2천 명인 투발루 국민은 1년에 75명씩 뉴질랜드로 이주하기 시작했다. 광활한 영토를 가진 호주에 1만여 명밖에 안 되는 투발루 국민을 받아줄 것을 요청했으나 거부당했다. 투발루 국민은 이주할 터전을 아직도 찾지 못했다. 어처구니없게도 투발루 국민들은 온난화를 막아보겠다고 이산화탄소를 줄이기 위해 자동차와 오토바이 사용을 자제한다. 나라를 잃은 투발루 국민은 어디로 가야 하나?

일인당 연간 이산화탄소 배출량 40톤을 자랑하는 미국에 비해 방글라데시 볼라 섬 주민들은 이산화탄소 배출량이 일인당 0.2톤밖에 안 된다. 미국을 비롯한 선진국에 사는 7억 명이 배출한 이산화탄소 때문에 녹은 빙하물이 바다로 흘러들어 바닷물이 높아졌다. 그 바람에 볼라 섬 농토는 바닷물에 잠겨 벌써 농토의 반 이상을 잃었다. 아무 죄도 없는 방글라데시 주민에게 남아 있는 것이라고는 토지권리증뿐이다. 볼라 섬 주민들의 사라진 농토는 어디 가서 배상을 받아야 하나? 1년에 3모작이 가능했던 풍요의 땅이 하루에 한 끼 먹을 양식도 내지 못하는 버림받은 땅이 되어버렸다.

방글라데시보다 200배나 많은 이산화탄소를 배출하는 미국과 이산화탄소 배출 증가량 세계 1위를 달리고 있는 우리나라 사람들은 방글라데시 사람에게도, 투발루 사람에게도 전혀 미안해하거나 피해를 입힌 책임을 지려 하지 않는다. 농토를 잃고 굶주림에 허덕이는 볼라 섬 주민들은 어디로 가야 하나?

지구의 내륙은 가뭄에 시달리고, 해안가는 태풍에 시달린다. 과학자들은 앞으로 가장 살기 좋은 장소가 러시아의 시베리아가 될 것이라고 말한다. 숲이 많은 우리나라는 환경 재앙을 견딜 수 있는 좋은 조건을 가지고는 있지만, 슈퍼태풍이 몰아닥쳐 더 이상 이 땅에서 살 수 없게 돼 어쩔 수 없이 민족 대이동을 해야 한다면 중국이나 러시아로 가야 하는데 국민 전체가 이주하기에는 넘어야 할 난관이 너무 많다. 지구가 점점 뜨거워지면 중국은 러시아 땅을 차지하기 위해, 미국은 캐나다 땅을 차지하기 위해 전쟁을 벌일 수밖에 없다. 더욱이 온난화는 갑작스런 빙하기를 불러오기 때문에 시베리아도 결코 안전한 땅은 아니다.

미국 국방부는 15년 안으로 5억 이상 되는 환경난민이 물을 찾아 대이동을 한다는 가상 시나리오를 짜놓은 상태다. 물을 찾아 이동하는 국가와 물을 지키려는 국가의 전쟁은 피할 길이 없다. 물이 부족한 국민들은 또 어디로 가야 하나?

북극곰! 어디로 가야 하나?

　지구온난화 시대에 자주 등장하는 주인공 가운데 하나가 북극곰이다.

　북극 여름이 아무리 더워야 섭씨 5도 이상 올라가지 않는데 2007년부터 무려 20도가 훌쩍 넘는 대사건이 일어났다. 섭씨 20도면 한국 기준으로 볼 때 봄에서 여름으로 넘어가는 시기의 날씨다. 섭씨 20도면 반팔을 입고 다녀도 약간 더울 날씨인데 인류 역사상 한 번도 일어나지 않았던 기후 대변화가 북극에서 벌어지고 있다. 우리말에 '봄눈 녹듯이 녹는다!'는 표현이 있는데 북극 빙하는 우리가 예상하는 것보다 훨씬 빠른 속도로 녹아내린다.

　1979년 여름 700만 제곱킬로미터나 되던 북극 빙하가 2011년에 150만 제곱킬로미터로 줄어들었다. 남한 면적이 10만 제곱킬로미터 정도니까 남한 면적 55배에 해당하는 빙하가 사라진 것이다. 기상학자들은 2013년이면 그나마 남아 있는 빙하도 녹아 없어진다는 예측을 쏟아내고 있다. 북극 빙하는 지구 전체 면적의 70분의 1 정도밖에 되지 않지만 지구 기후에 미치는 영향은 엄청나게 크다. 어떤 과학자들은 지금 겪고 있는 지구 온난화는 사람이 살 수 없을 정도로 뜨거워지는 정도는 아니라고 주장하지만 북극 빙하가 사라지는 속도를 봐서는 당장이라도 기후 재앙이 시작될 것 같다. 북극곰이 겪고 있는 고통을 보면 기후 재앙은 경고를 뛰어넘어 공포 수준이다.

북극 빙하가 줄어들면서 북극곰이 환경 재앙의 가장 대표적인 희생자로 주목받는다. 일주일에 반달무늬물범 한 마리는 잡아먹어야 살 수 있는 북극곰이 한 달 동안 아무것도 먹지 못하고 뼈가 앙상하게 드러난 채 북극을 떠돌아다니는 모습은 인간의 멀지 않은 미래를 보는 것 같다.

북극곰 사진을 보면 귀여워 보이고 순수하게까지 느껴지지만 수컷의 키는 무려 3미터나 되고 몸무게는 500킬로그램이나 나간다. 최고 800킬로그램이나 되는 수컷도 있다. 암컷은 2미터 키에 몸무게는 300킬로그램이다. 동물원에서 북극곰을 가까이에서 보니 얼마나 덩치가 큰지 기가 질릴 정도다. 사냥할 때 무기로 사용하는 앞발 크기는 43센티미터나 되고 발톱은 10센티미터나 된다. 앞발 하나가 세숫대야 크기만 하다. 북극곰이 앞발을 들어 내리치는 힘은 1톤이나 된다. 곰과 호랑이가 싸우는 장면을 촬영했는데 곰이 앞발로 호랑이 머리통을 치자 호랑이 머리가 확 돌아갈 정도로 위력이 대단했다.

발바닥은 작고 단단한 돌기 몇백 개가 있어 얼음 위에서 달리기도 잘한다. 바다에서 수영 잘하기로 유명한 반달무늬물범의 수영 속도보다 더 빨리 달릴 수 있다.

북극곰은 덩치만 큰 게 아니라 추위에도 잘 견딜 수 있는 완벽한 구조를 가지고 있다. 북극곰은 피부 밑에 10센티미터나 되는 지방층이 온몸을 감싸고 있어 살을 에는 추위도 견딜 수 있다. 이 지방층은 또 두꺼운 피부로 덮여 있는데 흰색 털 아래 피부는 흰색이 아닌 검정색이기에 햇볕을 흡수하여 몸을 데운다. 북극곰 피부에는 5센티미터의 짧은 털이 촘촘하게 나 있고 바깥쪽에는 12센티미터나 되는 뻣뻣한 겉털이 있어 혹독한 추위에도 견딜 수 있는 완벽한 조건을 갖추었다. 또 물속에서 시속 10킬로미터로 수영할 수 있는 최대 장점이다. 10 시간을 수영하면 100킬로미터 거리를 거뜬히 이동할 수 있다.

어디로 가야 할지 모르는 채 방황하는 북극곰.

북극곰은 영하 40도의 추위와 시속 120킬로미터의 강풍을 견디며 살 수 있는 완벽에 가까운 북극 사냥꾼이다. 30년 정도 사는 북극곰은 11월에 동면에 들어가서 1월에 깨어나 7개월 동안 반달무늬물범 45마리 정도를 사냥해 에너지를 축적해서 새끼도 낳고 또다시 겨울잠에 들어간다.

이처럼 어떤 짐승도 범접할 수 없는 지상 최강 사냥꾼인 북극곰이지만 지구온난화 앞에서는 맥을 못 춘다.

북극곰은 유빙流氷 위에 구멍을 파고 반달무늬물범이 숨을 쉬러 올라올 때 기회를 놓치지 않고 사냥한다.

반달무늬물범이 얼음 파는 소리를 들으면 북극곰은 1톤이나 되는 앞발 힘으로 얼음을 내리치고 5센티미터나 되는 이빨로 물범의 머리를 깨물어 물범 두개골을 으스러뜨린다. 강인하고 완벽한 사냥꾼인 북극곰이지만 지구온난화 때문에 빙하가 녹아 없어지는 바람에 사냥터가 사라져 버렸다.

북극곰이 수영할 수 있는 거리는 20킬로미터 안쪽이다. 더 이상 헤엄을 치면 탈진과 저체온증으로 익사하는데 유빙을 찾지 못하는 곰들은 100킬로미터가 넘는 거리를 수영하는 경우도 허다하다.

반달무늬물범 45마리쯤을 잡아먹고 지방을 많이 축적해 몸무게를 세네 배 정도로 늘려놓아야 하는 북극곰인데, 사냥터인 유빙이 녹아 없어지는 바람에 반달무늬물범을 충분히 잡아먹지 못해 저체중이 된 북극곰은 임신을 못하거나 새끼에게 줄 젖을 만들어 내지 못하는 지경에 이르렀다.

빙하 가장자리는 북극 생물들에게 삶의 터전이다. 바다코끼리·바다표범·여우·새·북극곰 같은 온갖 해양 동물들이 빙하 가장자리에 모여 생태계를 이루며 어우러져 산다.

1979년에 비해 80퍼센트나 되는 빙하가 사라진 북극 생태계는 먹이사슬이 끊어지면서 여러 생물종이 사라지고 있다. 특히 북극 생태계 먹이사슬의 맨 윗자리를 차지하는 북극곰에게 빙하가 사라지는 일은 죽음의 그림자가 드리우는 공포와 같다.

전 세계 북극곰의 수도라고 부르는 캐나다 북부 허드슨 만 서쪽에 있는 처칠 마을에는, 사람은 800명이 사는데 북극곰은 1,000마리가 산다. 먹이를 구할 수 없는 곰들은 마을에 와서 쓰레기통을 뒤지거나 썰매 개들의 먹이를 약탈하기도 하고 때로는 사람을 죽이기도 하기 때문에 마을에 나타나는 곰들을 사살하는 경우도 있다. 북극곰이 갈 데가 없다. 바다에는 유빙이 없어 사냥을 못하고 도시에서는 사람들이 총으로 쏴 죽인다.

동물학자 조지 더너George M. Durner가 관찰한 어떤 북극곰은 9일(232시간) 동안 687킬로미터의 바다를 쉬지 않고 헤엄쳤다고 한다. 삶의 터전인 북극 빙하가 사라진 북극곰은 도대체 어디로 가야 반달무늬물범을 사냥할 수 있을지 몰라 오늘도 떠돌아다닌다. 북극곰! 어디로 가야 하나?

생물체는 먹이가 없으면 죽는다. 사람도 예외가 아니다. 사람도 먹을거리가 없으면, 온 북극을 헤집고 다니는 북극곰처럼 식량을 찾기 위해 온 세상을 떠돌아다닐 것이다.

　가뭄에 시달리는 아프리카 난민들, 3년 동안 극심한 가뭄에 시달리고 있는 중국 내륙지방 사람들, 사하라 사막이 확장되는 바람에 삶의 터전을 잃어버린 리비아 사람들, 해수면 상승 때문에 농토를 잃은 방글라데시 사람들은 또 어디로 가야 하나?

참고문헌

매키벤, 빌. 「자연의 종말」. 진우기 옮김. 양문출판사, 2006.

브뢰커, 왈레스. 「지구환경의 변천」. 원종관 옮김. 전파과학사, 1996.

스페스, 제임스 구스타브. 「아침의 붉은 하늘」. 김보영 옮김. 에코
　　리브르, 2005.

앨트먼, 나타니엘, 「물의 신화」. 황수연 옮김. 해바라기출판사, 2002.

월드워치 연구소. 「지구환경보고서 2005」. 도서출판 도요새, 2005.

위너, 조너선. 「100년 후 그리고 인간의 선택」. 이용수 외 옮김. 김
　　영사, 1994.

이기영. 「지구가 정말 이상하다」. 살림출판사, 2005.

이성주. 「황우석의 나라」. 바다출판사, 2006.

정홍규. 「산처럼」. 대건인쇄출판사, 2003.

카슨, 레이첼. 「침묵의 봄」. 정대수 옮김. 도서출판 넥서스, 1995.

콜본, 테오; 듀마노스키, 다이앤; 마이어스, 존 피터슨. 「도둑맞은
　　미래」. 권복규 옮김. 사이언스북스, 1996.

탁광일 외 21인. 「숲이 희망이다」. 책씨출판사, 2005.